SITZUNGSBERICHTE DER DEUTSCHEN AKADEMIE
DER WISSENSCHAFTEN ZU BERLIN

Klasse für Mathematik, Physik und Technik
Jahrgang 1964 Nr. 1

H. PEIBST, R. ROMPE, K. THIESSEN und K.-TH. WILKE

SPEZIALWERKSTOFFE DER ELEKTROTECHNIK

R. BERNST, P. FUCHS, P. GÖRLICH, H. KARRAS, W. MEINEL
K. TÖPFER und W. WREDE

WERKSTOFFE FÜR DIE ELEKTROTECHNIK

Mit 3 Abbildungen und 17 Tabellen

AKADEMIE-VERLAG · BERLIN
1964

Vorgelegt von Hrn. ROMPE in der Klassensitzung vom 20. Dezember 1962
und von Hrn. GÖRLICH in der Klassensitzung vom 13. Juni 1963
Zum Druck genehmigt am gleichen Tage, ausgegeben am 20. September 1964

Erschienen im Akademie-Verlag GmbH, Berlin W 8, Leipziger Straße 3—4

Lizenznummer: 202 · 100/487/64
Gesamtherstellung: VEB Druckerei „Thomas Müntzer" Bad Langensalza
Bestellnummer: 2010/64/I/1 · ES: 18 B 6/20 K 1 · Preis: DM 5,10

Inhaltsverzeichnis

Spezialwerkstoffe der Elektrotechnik

Erweiterter Vortrag vor der Klasse für Mathematik, Physik und Technik am 6. und 20. Dezember 1962

Von

H. PEIBST, R. ROMPE, K. THIESSEN, K.-TH. WILKE

Die Fortschritte der Elektrotechnik und Elektronik werden in so starkem Maße durch die Entwicklung neuer Werkstoffe bestimmt, daß deren gesonderte Behandlung angebracht ist.

Traditionelle Werkstoffe der Elektrotechnik sind:

metallische Leiter, wie z. B.

Kupfer, Aluminium, Eisen;

Isolatoren und Dielektrika, wie

Luft, Gläser, Porzellane, Glimmer, Transformatorenöle, Harze und Lacke, Hartpapier usw.;

magnetische Materialien, wie

Material für Rotoren, Transformatorenbleche, Magnetstähle.

Selbstverständlich sind auch auf diesen Gebieten in den letzten Jahrzehnten erhebliche Verbesserungen zu verzeichnen. Hier sollen aber vor allen Dingen jene Spezialwerkstoffe behandelt werden, an denen man eine wesentliche Entwicklungstendenz des Werkstoffproblems der Elektrotechnik und Elektronik, vielleicht sogar des Werkstoffproblems schlechthin, erkennen kann: Das Problem der ständigen Steigerung der wissenschaftlichen, technischen und damit auch ökonomischen Aufwendungen zur Verbesserung ihrer Qualität.

Das Wort Qualität umfaßt hierbei eine Reihe verschiedener Faktoren. Bei vielen der im folgenden aufgeführten Stoffe bzw. Stoffgruppen sind es vor allem sehr kleine Konzentrationen von Fremdbeimengungen und weitgehende Störungsfreiheit des Gitters. Es hat sich gezeigt, daß die quantitative Steigerung der Qualität der Werkstoffe zu qualitativ neuen Möglichkeiten der Anwendungen führen, die entscheidend geworden sind für die Entwicklung neuer Zweige der Elektrotechnik/Elektronik. Der wesentlich erhöhte und ständig zunehmende Aufwand bei der Herstellung der Werkstoffe wird ökonomisch sinnvoll durch den Gesamteffekt in der Technik.

Zu den Spezialwerkstoffen, über die wir hier berichten werden, sollen gehören:

Werkstoffe für Oxidkathoden für vakuumelektronische Geräte, wie z. B. Radioröhren,

Leuchtstoffe (Kristallphosphoren) für Lichtquellen, Fernsehröhren, Radarröhren usw. und

Werkstoffe für Halbleiterbauelemente, wie Dioden, Transistoren.

Diese Werkstoffe kommen bei ihrer Anwendung in den Bauelementen der Elektrotechnik/Elektronik in Kombination mit den oben erwähnten traditionellen Werkstoffen zur Wirkung. Wir wollen uns hier vornehmlich auf die speziellen Werkstoffe im obengenannten Sinne beschränken.

Diese Sonderwerkstoffe der Elektrotechnik/Elektronik stellen unterschiedliche, aber insgesamt doch über das sonst in der Technik bisher übliche hinausgehende Anforderungen an den Aufwand bei ihrer Herstellung. Diese Anforderungen entspringen den physikalischen Gesetzmäßigkeiten, auf deren Manifestation die Anwendung jedes dieser Werkstoffe speziell beruht, wie etwa der Emission von Elektronen aus Metallen bei hohen Temperaturen, oder der Transformation von ultraviolettem Licht in sichtbare Strahlung bei den Leuchtstoffen oder der Beeinflussung und Steuerung eines Elektronenstromes durch geeignete Maßnahmen zum Zwecke der Verstärkung in einem Halbleiterbauelement.

Das Ausmaß dieser Forderungen drückt sich naturgemäß, wie oben gesagt, auf der ökonomischen Seite in einem gesteigerten Preis aus. Jede Qualitätsverbesserung kostet Aufwand an Anlagen und Kilowattstunden. Es ist deshalb von großer Bedeutung, sich die physikalischen Vorgänge vor Augen zu führen, die zur Aufstellung der Forderungen führen, um zu verstehen, welches Ausmaß an Qualität tatsächlich dem Effektivwerden der betreffenden physikalischen Vorgänge entspricht und welcher Aufwand nicht mehr gerechtfertigt ist. Es gibt demnach kein Problem der chemischen Reinheit „um jeden Preis“, sondern das Ausmaß an chemischer Reinigung, um bei diesem Beispiel zu bleiben, ist eine Frage der physikalischen Vorgänge, die man verwerten und der Wirkung, die man erzielen will. Hierbei gibt es gewisse optimale Lösungen, die wie immer in der Technik, eine wissenschaftlich-technische und eine ökonomische Seite besitzen. Es ist nicht überflüssig, darauf hinzuweisen, daß diese Qualitätsforderungen an die Werkstoffe, wie sie zuerst von der Elektrotechnik/Elektronik erhoben worden sind, heute bereits in zunehmendem Maße in anderen Zweigen der Technik auftreten. So ist die Lichtbeständigkeit und Haltbarkeit von Plasten von der Reinheit der Ausgangsstoffe abhängig, die mechanische Qualität der Bauwerkstoffe für die Leichtbautechnik ebenfalls, entsprechendes sollte auch für die Erzeugnisse der pharmazeutischen Industrie anzunehmen sein. Die Elektrotechnik/Elektronik kann für sich mit Recht in Anspruch nehmen, Schrittmacher des technischen Fortschrittes geworden zu sein. Diese Zusammenhänge können etwas eingehender illustriert werden.

Auf dem Gebiete der Leuchtstoffe besteht z. B. eine technische Aufgabe, in den Leuchtstoffröhren die Umsetzung von ultravioletter Strahlung von Niederdruckgasentladungen in sichtbares Licht mit Wirkungsgraden herbeizuführen, die möglichst ein Vielfaches der Ökonomie einer Glühlampe darstellen. Die an sich relativ zu diesen Leuchtstofflampen unökonomische Glühlampe hat andererseits den großen Vorteil, eine Farbwiedergabe zu liefern, die von den künstlichen Lichtquellen mit als die beste angesehen werden muß, vermöge des kontinuierlichen Emissionsspektrums eines glühenden Festkörpers. Wir sagen: Die Glühlampe liefert gelblich-weißes Licht, wobei wir als rein-weiß das Tageslicht bezeichnen. Nun ist das Problem, weißes Licht oder annähernd weißes Licht herzustellen, auch mit Leuchtstoffen lösbar, z. B. mit mehrkomponentigen Leuchtstoffen auf der Basis von Silicaten, die in breiten Bereichen des sichtbaren Spektrums emittieren. Diese Silicatleuchtstoffe erfordern aber einen relativ hohen Reinheitsgrad der Ausgangssubstanzen und auch aufwendige Anlagen für ihre Herstellung und der Preis des Produktes ist entsprechend.

In einigen Ländern, besonders des kapitalistischen Auslandes, ist man deshalb seit Jahren dazu übergegangen, unter Verzicht auf die mit solchen Leuchtstoffen optimal erzielbare Farbwiedergabe, Leuchtstoffe zu verwenden, die weniger anspruchsvoll hinsichtlich der Reinheit der Ausgangssubstanzen und der Anlagen sind, so vor allem Phosphate und Arsenate. Diese haben aber schmalere Emissionsbanden, was mit ihrer relativen Unempfindlichkeit gegen Verunreinigungen zusammenhängt, und liefern eine bei weitem nicht so qualifizierte Farbwiedergabe wie Leuchtstoffröhren mit Silicatleuchtstoffen. Man sieht, wie hier die ökonomische Seite eine Veränderung der Aufgabenstellung erzwingt; vor allen Dingen entspringt aus der Notwendigkeit, für ein in Millionen Stückzahlen herzustellendes Produkt eine gleichmäßige, wenn auch in ihrer Endqualität nicht bestmögliche Belieferung mit einem Teilprodukt sicherzustellen, eine unter Umständen nicht optimale Aufgabenstellung.

Um die physikalischen Zusammenhänge zu verstehen, die zur Aufstellung von Forderungen für Qualität und Reinheit führen, soll an einige Grundtatsachen aus der Quantenphysik erinnert werden. Wir wollen das der Einfachheit halber am Problemkomplex der Lumineszenzeigenschaft vorführen, wobei aber gleich darauf hingewiesen werden muß, daß auch in den anderen Fällen, wie bei der thermischen Elektronenemission oder bei den Vorgängen in Halbleitern, völlig analoge Überlegungen angestellt werden können.

Unter der Wirkung von einfallender elektromagnetischer Strahlung geeigneter Wellenlängen kann jedes Atom fluoreszieren, d. h. absorbierte Strahlungsenergie verlustfrei wieder ausstrahlen. Dabei absorbiert und emittiert das Atom seine Eigenwelle — daher die Bezeichnung Resonanz-Fluoreszenz — wie eine Antenne im Radiogebiet, nur daß die Antenne Verluste infolge des endlichen Ohmschen Widerstandes hat, das isolierte, ungestörte Atom aber nicht. Aber bereits der Entdecker der Resonanz-Fluoreszenz R. W. WOOD hat gefunden, daß der Wirkungsgrad der Resonanz-Fluoreszenz bis zum völligen Verschwinden derselben durch Zusatz von geeigneten „auslöschenden" Gasen verschlechtert wird. So kann z. B. die Resonanz-Fluoreszenz von Quecksilberatomen in der Gasphase durch Zusatz molekularen Wasserstoffs gelöscht werden, wobei die Wasserstoffmoleküle durch die Aufnahme der Anregungsenergie der angeregten Hg-Atome dissoziiert werden und als aktiver Wasserstoff mit chemischen Mitteln leicht nachzuweisen sind. Diese, die Resonanz-Fluoreszenz störende bzw. verhindernde Einwirkung einer „Fremdbeimischung" vollzieht sich im Zustand eines Gases dann, wenn sich angeregtes Atom- und Fremdmolekül auf Abstände von $10^{-7} \cdots 10^{-8}$ cm nähern. Damit die Löschwirkung eines Fremdgases merklich wird, muß die Stoßhäufigkeit vergleichbar sein mit der reziproken mittleren Lebensdauer des angeregten Zustandes:

$$\frac{1}{\tau} = A \sim N_a \cdot v \cdot q ,$$

hierbei ist τ die mittlere Lebensdauer,
A die EINSTEINsche Übergangswahrscheinlichkeit,
N_a die Konzentration der Fremdatome pro cm^3,
v die Geschwindigkeit der Atome,
q der für die strahlungslose Energieübertragung maßgebliche Stoßquerschnitt.

Die Intensität der Fluoreszenz-Strahlung geht demnach gerade auf die Hälfte herunter, wenn Stoßhäufigkeit und reziproke Lebensdauer einander gleich sind. Von diesem Umstand machten O. STERN und M. VOLMER vor vielen Jahren Gebrauch, als sie auf diese Weise die Lebensdauer angeregter

Zustände einer direkten Messung zugänglich machten. Eine Abschätzung zeigt, daß, um eine Löschung der Fluoreszenz zu erzielen, man relativ viel Fremdgas beimengen muß, denn die mittlere reziproke Lebensdauer der angeregten Atomzustände ist in der Größenordnung von 10^8. Je nach den Stoßradien müssen 10^{18} bis 10^{19} Fremdatome pro cm^3 vorhanden sein, um eine effektive Löschung herbeizuführen. Außer durch Zusätze von Fremdatomen wird der Wirkungsgrad der Resonanz-Fluoreszenz aber auch durch die Wechselwirkung der Eigenatome herabgesetzt. Diese „Eigenlöschung" ist sehr effektiv, erfolgt auf größere Abstände als die durch Fremdzusätze und ist so wirksam, daß bei höheren Eigendichten das Fluoreszenz-Vermögen der Gase meist nicht mehr feststellbar ist, sofern von anderen Erscheinungen der Fluoreszenz, die bei Vergrößerung der Dichte des Dampfes eintreten, abgesehen wird. Bei höheren Dichten tritt ein Übergang von der „inkohärenten" Fluoreszenz zur „kohärenten" metallischen Reflexion an der Oberfläche ein, ein Vorgang, der im Prinzip dem Übergang der inkohärenten Fluoreszenz zur kohärenten Laser-Strahlung ganz ähnlich ist. Diese „kohärente" Fluoreszenz läßt sich nicht mehr auslöschen, da die mittlere Lebensdauer des einzelnen angeregten Zustandes von der Größenordnung der Schwingungsdauer des Lichtes, d. h. 10^{-14} sec ist.

Es gibt nun auch im festen und im flüssigen Zustand fluoreszierende Substanzen, bei denen der Leuchtvorgang sich im wesentlichen im Bereich eines Atoms oder eines Moleküls abspielt, analog zur Absorption und Reemission von Licht durch ein einzelnes Atom. Der Wirkungsgrad der Fluoreszenz ist hierbei häufig ähnlich hoch wie bei der Atomfluoreszenz. Zum Unterschied vom Spektrum der freien Atome fallen im festen Zustand, wie auch schon bei 2-atomigen Molekülen, im allgemeinen die Wellenlängen der absorbierten und emittierten Strahlung nicht mehr zusammen. Man erhält den bei Kristallphosphoren bekannten Zusammenhang, daß die absorbierte Strahlung im allgemeinen kurzwelliger ist als die reemittierte, was ja gerade technisch bei der Umwandlung der ultravioletten Strahlung in sichtbares Licht nutzbar gemacht wird. Außerdem dehnt sich das Spektrum schmaler Linien der Atome beim Übergang zum festen Zustand zu kontinuierlichen Absorptions- und Emissionsbändern aus, die um so breiter werden, je mehr der Emissionsmechanismus vom atomaren abweicht. Auch für die Fluoreszenz in der flüssigen oder festen Phase ist eine Löschwirkung von Fremdatomen bekannt. Häufig ist die Konzentration löschender Beimengungen so groß, daß Lumineszenz nicht beobachtet wird. Um ein leuchtfähiges Atom im festen oder flüssigen Zustand zu löschen, müssen sich die Fremdatome etwa auf denselben Abständen befinden wie bei den löschenden Stößen in der

Gasphase, d. h., etwa auf 1 bis 3 Gitterkonstanten je nach dem Wirkungsradius der Energieübertragung bei der Löschung. Bei einer Übertragung der Anregungsenergie des leuchtfähigen Atomes zur strahlungslosen Umsetzung an ein Fremdatom über 2 Gitterkonstanten, würde jedes 3. Atom in linearer Anordnung ein Fremdatom sein müssen. Der relative Anteil an Fremdatomen wäre in diesem Falle etwa 3—4%; erfolgt die Übertragung über 3 Gitterkonstanten, dann würden ca. 1% Fremdatome genügen. Man sieht, daß, falls es sich um die Ausnutzung eines derartigen atomaren Fluoreszenzmechanismus im festen Zustand handelt, man die Reinigung der Substanz kaum besser als auf ca. 0,1% durchzuführen brauchte; denn wenn man bei 1% Fremdzusatz etwa 50% Wirkungsgrad der Fluoreszenz hätte, wäre er bei 0,1% über 90%. Eine Reinigung von einer Größenordnung mehr würde demnach keinen ins Gewicht fallenden Gewinn bringen. Diese Verhältnisse sind angenähert realisiert bei der Lumineszenz Seltener Erden im festen Zustand oder bei gewissen organischen fluoreszierenden Verbindungen. Es ist kein Zufall, daß die Lumineszenz gerade an solchen Stoffen gefunden wurde. Man kann zu ihrer Herstellung Substanzen verwenden, die ca. 0,1—1% Fremdatome enthalten.

Es gibt nun eine Reihe von Kristall-Leuchtstoffen, und dazu gehören die Arsenate und Phosphate, bei denen die Strahlungsumwandlung offenbar in gewissen atomaren oder molekularen Bereichen erfolgt, die allerdings doch ausgedehnter sind als einzelne Atome. Sie haben schmale Emissionsbande und verhältnismäßige Unempfindlichkeit gegen Fremdbeimengungen. Man kann sie aus Chemikalien herstellen, die man als „analysenrein" bezeichnet.

(In den letzten Jahren hat es sich eingebürgert, die folgenden Bezeichnungen für Reinheitsgrade zu verwenden. Siehe Tabelle 1, S. 11 oben).

Warum bei den Kristall-Leuchtstoffen eine ausreichende Ausbeute der Fluoreszenz erst erreicht wird, wenn im Mittel unter 1000 Atomen höchstens 1 Fremdatom ist, liegt daran, daß die Anregungsenergie nach der Absorption nicht fest an einem Atom lokalisiert ist. Nach der Absorption entsteht im Kristall ein angeregter Zustand, welcher sich im allgemeinen vom Ort seiner Entstehung entfernen kann und die Anregungsenergie dabei mitnimmt. Sie kann dann in einiger Entfernung in verschiedener Weise wirksam werden, etwa durch Anregung eines leuchtfähigen Atoms. Diese „Energiewanderung" kann mit einer substanziellen Bewegung von Ladungsträgern beider Vorzeichen verbunden sein und ist dann von einer p- oder n-Photoleitung begleitet, oder sie ist von keinem Ladungsträgertransport begleitet, und man spricht dann von Excitonen-Leitung. Der Wirkungs-

Tabelle 1

Bezeichnung	Reinheitsgrad %	1 Fremdatom auf N Atome N [cm^{-1}]
chem.-reinst (purissimum)	99,9	~10
analysen-rein (pro analysi)	99,99	~20
spektroskop.-rein	99,999	~45
lumineszenz-rein	99,9999	~100
halbleiter-rein	< 99,99999	> 200

grad der Fluoreszenz ist durch die Konkurrenz zwischen den Übergängen mit Strahlung und den strahlungslosen Übergängen gegeben. Die durch die Absorption in das Gitter gelangende Energie kann demnach in solchen Kristall-Phosphoren geeignete Leuchtzentren oder Aktivatoren anregen. Diese entstehen durch Einbau gewisser Fremdatome, meist von Metall-Atomen, wie Cu, Ag u. dgl. Wenn ein solcher Kristall-Phosphor keine Aktivatoren enthält, leuchtet er im allgemeinen nur schwach. Mit zunehmendem Grad der Aktivierung, die merklich wird bei Konzentrationen von $10^{15}-10^{16}$ Fremdatomen im Gitter, d. h. $10^{6}-10^{7}$ Gitteratome auf 1 Fremdatom, steigt die Lumineszenzhelligkeit solcher Stoffe an. Allerdings wird durch den Einbau der Aktivator-Atome auch die Regelmäßigkeit des Gitters gestört. Häufig lassen sich mehr als 0,1—1% gar nicht in das Gitter einbauen. Es treten hierdurch Deformationen des Gitters ein, die eine Vermehrung der strahlungslosen Übergänge bewirken. Dies ist analog zur Eigenlöschung der Atom-Fluoreszenz. Bei Konzentrationen des Aktivator-Zusatzes von 0,01—0,1% ist die Fluoreszenz-Helligkeit wieder sehr klein infolge dieser „Eigenlöschung" oder „Überaktivierung".

Bei diesen Kristallphosphoren wird die Anregungsenergie über beträchtliche Strecken transportiert, bevor sie wirksam werden kann, im allgemeinen bis zu einigen 100-Gitterabständen. Bei diesen Leuchtstoffen ist erforderlich, daß die Fremdbeimischungen höchstens in einem Verhältnis von $1:10^{6}$ im Gitter enthalten sind. Wiederum wird es aber nicht erforderlich sein, die Reinheit so weit zu treiben, daß die Verunreinigung nur etwa in 1:1000 Gitterabständen vorhanden sind, d. h. eine Reinheit von $1:10^{9}$ wird bei der Ausnutzung dieses Leuchtmechanismus nicht erforderlich sein. Bei solchen Kristall-Leuchtstoffen erfolgt ein Teil der strahlungslosen Übergänge nicht nur an den durch die Fremdatome oder Aktivatoren bedingten Gitterdeformationen, sondern auch durch andere Unregelmäßigkeiten des Gitters, wie sie z. B. durch Zerkleinern entstehen können. Dies führt zur seit langem bekannten „Druckzerstörung" der Lumineszenz — offenbar sind Gitterversetzungen, Dislokationen, Veranlassung zu einem Teil der strahlungslosen Übergänge.

Wie oben gesagt, gelten ähnliche Überlegungen in sinnvoller Übertragung auch für andere physikalische Vorgänge, z. B. für Oxidkathoden und für elektronische Halbleiterbauelemente. Für die Beurteilung der Reinheitsanforderungen an elektronische Halbleiter ist maßgeblich die Aufgabenstellung, den Stromtransport durch Ladungsträger eines Vorzeichens, und zwar der zahlenmäßig überwiegenden Art (Majoritätsträger), durch geeignete Maßnahmen zu beeinflussen. Dieses geschieht unter Ausnutzung der Eigenschaften von künstlich erzeugten Inhomogenitäten der Halbleiter an den sogenannten pn-Übergängen, die in ihrer Durchlässigkeit für Majoritätsträger von dem Verhalten der Minoritätsträger stark abhängen, wodurch die Verstärkungs- oder Gleichrichtungs-Effekte hervorgerufen werden. Für die Eigenschaften dieser Bauelemente ist die räumliche Ausdehnung dieser Inhomogenitäten maßgeblich und ihr Verhältnis zu der Strecke, die ein Ladungsträger zurückzulegen imstande ist. Die Zahl der Träger beider Art, die Lebensdauer der Träger beider Art, und ihre Beweglichkeit hängen in sehr starkem Maße von Fremdbeimengungen und der Kristallqualität ab. So wird z. B. die Rekombination der Ladungsträger — genauso wie bei Kristallphosphoren — durch Gitterbaufehler und Versetzungen gefördert.

Es hat sich herausgestellt, daß halbleitendes Material für elektronische aktive Bauelemente (Transistoren, Gleichrichter) meistens um 1—3 Größenordnungen höher gereinigt werden muß als für Lumineszenz (s. S. 34). Für das Funktionieren dieser Bauelemente ist aber, wie aus dem obengesagten verständlich, eine Reihe weiterer Faktoren bedeutungsvoll, von denen das Verhalten der Ladungsträger und ihre Lebensdauer abhängt.

Die zu fordernde Kristallqualität läßt sich zahlenmäßig nicht so unmittelbar angeben, wie der zu fordernde chemische Reinheitsgrad, denn der Einfluß, den z. B. die Versetzungen ausüben, ist nicht allein eine Funktion ihrer Anzahl, sondern ebenso ihrer Verteilung, ihrer Stärke, ihres Typs und ihrer geometrischen Lage in dem jeweiligen Gitter. Nehmen wir der Einfachheit halber für einen kubischen Kristall — etwa Si oder Ge — an, daß hauptsächlich Stufenversetzungen nur eines Typs auftreten, so ist ihre lineare Erstreckung bei homogener Verteilung in wenigstens 3 nicht komplanaren Richtungen gleichberechtigt. Wenn also in üblicher Weise die Versetzungsdichte als Zahl der Durchstoßungspunkte der Versetzungskerne pro cm^2 Fläche angegeben wird, so werden dadurch nur 1/3 der im Volumen wirklich vorhandenen Versetzungen erfaßt. Das scheint zunächst bedeutungslos, wenn man wie vorhin die Fehlerfreiheit in einer beliebig vorgegebenen Richtung untersucht; doch erhält man dadurch ein falsches Bild; denn das mechanische Spannungsfeld einer Versetzung ist bis 10^{-5} cm Entfernung vom Kern wirksam. Das führt u. a. dazu, daß bei Versetzungsdichten oberhalb 10^4 pro cm^2 die Ausbreitung eines stehenden Wellenfeldes bei Anregung mit Röntgenquanten nicht mehr möglich ist und die aus den MAXWELLschen Gleichungen (Dynamische Theorie der Röntgeninterferenzen) zu folgernde anomale Absorption ausbleibt. Was für die Röntgenquanten gilt, gilt in entsprechender Weise auch für die Beweglichkeit elektrischer Ladungsträger, wobei hinzukommt, daß diese auch noch an der Versetzungslinie rekombinieren können.

Ein einatomiger kubischer Halbleiterkristall sollte daher nicht mehr als 10^4 Versetzungen cm^{-2} bei homogener Verteilung aufweisen. Bei Kristallpulvern für Leuchtstoffe liegen die Dichten erheblich höher, ebenso bei Kathodenmaterial. Welche Nachteile sich daraus ergeben, wurde bisher noch kaum untersucht. Einkristalle, besonders von Si und Ge, wurden jedoch bereits mit wesentlich geringeren Versetzungsdichten und in Einzelfällen sogar völlig baufehlerfrei hergestellt. Dabei hat sich aber herausgestellt, daß die Versetzungsfreiheit einen anderen Nachteil zur Folge hat. Im Gleichgewicht ist in jedem Kristall eine bestimmte Eigenfehlordnungsdichte enthalten, die exponentiell mit der Temperatur zunimmt. Bei der Eigenfehlordnung vom SCHOTTKY-Typ handelt es sich um Gitterlücken oder, wie man es auch auffassen kann, von der Oberfläche her eindiffundierende Löcher. Nicht nur die Oberfläche, sondern auch die Spuren der Versetzungen bilden aber Quellen und Senken für diese Löcher; bei einem Kristall mit 10^3 bis 10^4 und mehr Versetzungen/cm^2 ist die Wechselwirkung mit diesen sogar sehr viel größer als mit der Oberfläche. Die Rekombination mit der Oberfläche wird dazu häufig noch durch passivierende Adsorptionsschichten beeinträchtigt. Fehlen die Versetzungen, so kann ein von hoher Züchtungstemperatur her abgekühlter Kristall seine SCHOTTKY-Fehlordnung nicht mehr ausscheiden. Sie wird eingefroren und kann in ungünstigen Fällen sogar agglomerieren. In Verbindungskristallen äußert sich diese Erscheinung oft auch in einer Nichtstöcheometrie.

Es zeigt sich also, daß man nicht Versetzungsfreiheit um jeden Preis zu fordern hat, sondern den Aufwand bei der Kristallzüchtung nur soweit treiben soll, daß ein günstiges Verhältnis zwischen Eigenfehlordnung, Versetzungsdichte und chemischer Reinheit gewährleistet ist. Bei der Auswahl verschiedener möglicher Kristalle für einen bestimmten Verwendungszweck wird man unbedingt auch ihre kristallographische Eigenart berücksichtigen müssen. Diese Eigenart zu erkennen und die Realstruktur zu bestimmen, ist eine wissenschaftliche Aufgabe von hoher technischer Bedeutung.

Ein anderes Problem bei der Züchtung von Kristallen für industrielle Zwecke ist ihre äußere Form. Noch werden zumeist prismatische Kristalle gezogen, die dann dem jeweiligen Verwendungszweck entsprechend zerschnitten und poliert werden. Es ist aber auch schon gelungen, Kristalle in Form von flachen Bändern oder anderen Profilen zu ziehen. Auf der letzten Konferenz für Kristallwachstum im November 1963 in Moskau wurden z. B. Halbleiter- und auch Metalleinkristalle mit unterschiedlichen Profilen von beträchtlicher Größe vorgezeigt. Es ist klar, daß die höheren Kosten, die für eine entsprechende Kristallziehanlage aufgewendet werden müssen, gering sind gegenüber dem Material- und Arbeitseinsparungen im weiteren Produktionsgang. Schneid- und Poliervorgang fallen fort, zusätzliche Verunreinigungen werden vermieden und vor allem die Automatisierung des Fertigungsprozesses wird wesentlich vereinfacht. Besonders geeignet sollten solche Einkristallbänder sein, wenn durch Epitaxie oder Diffusion bestimmte Grenzschichten hergestellt werden sollen.

Es ist noch nicht abzusehen, welche Bedeutung einkristallines Material auch auf anderen Gebieten der Elektrotechnik bekommen wird. Sicher ist, daß bei kluger Anwendung Standzeiten erhöht und die Leistungsfaktoren erheblich heraufgesetzt werden können. Noch scheint die Wirtschaftlichkeit nicht gesichert zu sein, doch können sich die Ansichten darüber, wie die Erfahrung gezeigt hat, bald ändern.

Das kennzeichnende Merkmal für die genannten Sonderwerkstoffe, das sie überhaupt erst zu Bauelementen der Elektrotechnik macht, sind spezifische physikalische Effekte, die mit Umwandlung von Energie verbunden sind. So löst in der Oxidkathode Erhitzung eine Elektronenemission aus, wobei thermische Energie in kinetische Energie von freien Elektronen umgesetzt wird. Luminophore lassen sich durch elektromagnetische Strahlung, Elektronen und elektrische Feldwirkung zur Lichtemission (UV, sichtbares Gebiet, IR) anregen. Bei einem Teil der Luminophore bilden gittereigne Bausteine die zur Emission fähigen Lumineszenz-Zentren. Zahlreiche weitere Luminophore erlangen jedoch die Fähigkeit zur Lichttransmission erst durch den Einbau von Fremdmetallspuren (1 bis 10^{-4} %), sog. Aktivatoren.

Die Sulfidluminophore sind gegenüber den oxidischen Leuchtstoffsystemen sowohl hinsichtlich des Aktivatoreinbaus als auch gegenüber Fremdmetallspuren, sog. Killern, besonders empfindlich. In einigen Verbindungen ist die Lumineszenzemission außerdem an bestimmte Gitterstrukturen geknüpft.

Waren die oben angeführten Werkstoffe vorwiegend feinkristalline Pulver, so handelt es sich bei den Halbleiter- und Lasermaterialien fast ausschließlich um einkristalline Substanzen. Zu den hohen Reinheitsanforderungen, die an diese Substanzen gestellt werden, treten noch weitere Forderungen hinsichtlich eines störungsfreien Aufbaus des Grundgitters. Die Halbleiter erlangen ihre Sperr- und Verstärkerwirkung für elektrische Ströme im allgemeinen erst durch Dotierungszusätze (Akzeptoren, Donatoren). Die Lasermaterialien (Laser = light amplification using stimulated emission of radiation) ähneln weitgehend der Gruppe der aktivatorhaltigen Luminophore. Die Anregung erfolgt durch sehr intensives UV-Licht. Inzwischen sind auch elektrolumineszierende Halbleiter bekannt geworden, die den Lasereffekt zeigen.

A. Analytik der Reinststoffe

Die ständige Steigerung der Anforderungen an die Reinststoffe hat vor allem auf die analytische Chemie eine besonders fruchtbare Wirkung gehabt. Spurenelementgehalte, wie sie in der Halbleitertechnologie auftreten, liegen bereits weit unterhalb der Nachweisbarkeitsgrenze der normalen analytischen Methoden und es bedarf besonders entwickelter spurenanalytischer Anreicherungs- und Trennverfahren.

Alle Analysenverfahren werden durch die Forderung der Praxis, die Untersuchungen qualitativ umfassend, quantitativ genau, ferner schnell und wirtschaftlich durchzuführen, beeinflußt und weiterentwickelt. Da die Reinheit der Substanzen eine ständige Steigerung erfährt, erwächst der Analyse die Aufgabe, Spuren von Fremdstoffen in immer geringeren Konzentrationen zu erfassen sowie die Reinigungsverfahren zu lenken und zu kontrollieren.

Die Methoden der Aufbereitung, Reinigung und Analytik von Elementen und Verbindungen lassen sich unter einem gemeinsamen Gesichtspunkt betrachten, wenn man eine Unterteilung in Trennmethoden und Bestimmungsmethoden vornimmt (Tab. 2). Dabei werden die Reinigungsverfahren bevorzugt innerhalb der Trennmethoden zu suchen sein. Eine weitere Unterteilung wird ermöglicht, wenn man die Methoden in folgender Weise ordnet:

a) Chemische Reaktionen. Liegt diesen Reaktionen das Gesetz der multiplen Proportionen zugrunde, so handelt es sich um absolute Methoden, die keiner besonderen Eichung bedürfen.

b) Physikalische Verfahren, begleitet von Stoffumwandlungen. Hierbei handelt es sich um die Nutzung physikalisch bedingter Stoffumwandlungen, z. B. der Bildung von Ionen, für Trennungs- oder Nachweisreaktionen.

c) Physikalische Verfahren unter Stofferhaltung. In diese Gruppe fallen auch solche Stoffe, die zwar während des Verfahrensablaufs eine physikalische Umwandlung, z. B. des Aggregatzustandes, der Struktur oder der Bindungsverhältnisse erfahren, nach Abschluß der Messung jedoch im ursprünglichen Zustand vorliegen.

Zu den einzelnen Abschnitten seien noch folgende ergänzende Bemerkungen gemacht:

2.2.2.1: Zur Bestimmung geringer Gehalte an Fremdbeimengungen bieten sich die optischen Analysenverfahren an, darunter vor allem die spektrochemische Analyse, die im Vergleich zu anderen Methoden den Vorteil hat, daß in kurzer Zeit mehrere Elemente nebeneinander qualitativ und quantitativ bestimmt werden können. Eine vollständige spektrochemische

Tabelle 2

Methoden der Aufbereitung, Reinigung und Analytik

1.	*Chemische Reaktionen*		
1.1.	Trennmethoden	1.2.1.2.	Kolorimetrie
1.1.1.	Chemische Trennungen	1.2.1.3.	Gasvolumetrie
1.1.2.	Chemische Trennungen unter Vermittlung einer Hilfsphase	1.2.1.4.	Gasanalyse
		1.2.2.	Bestimmung der Reagenzmenge
1.2	Bestimmungsmethoden	1.2.2.1.	Maßanalyse mit optischen Indikatoren (Titration)
1.21.	Bestimmung der Reaktionsprodukte	1.2.2.2.	Maßanalyse mit elektrischen Indikatoren (Potentiometrie, Konduktometrie)
1.2.1.1.	Gravimetrie, Gewichtsanalyse		
2.	*Physikalische Verfahren, begleitet von Stoffumwandlungen*		
2.1.	Trennmethoden	2.2.2.1.	Emissionsspektrographie
2.1.1.	Elektrolyse	2.2.3.	Emission von Strahlung und Partikeln
2.1.2.	Massenspektrometrie		

2.2. Bestimmungsmethoden
2.2.1. Elektrochemische Vorgänge
2.2.1.1. Polarographie
2.2.2. Emission elektromagnetischer Schwingungen
2.2.3.1. Aktivierungsanalyse durch Neutronen
2.2.4. Erhitzungsmethoden
2.2.4.1. Thermische und Differentialthermo-Analyse
2.2.4.2. Thermowaage
2.2.4.3. Flammenphotometrie

3. *Physikalische Verfahren unter Stofferhaltung*

3.1. Trennmethoden
3.1.1. Stofftrennung durch mechanische Kräfte
3.1.1.1. Sieben, Windsichten
3.1.1.2. Abschlämmen, Dekantieren
3.1.1.3. Zentrifugieren
3.1.1.4. Pressen
3.1.1.5. Filtrieren
3.1.1.6. Flotieren
3.1.2. Stofftrennung durch elektrische Kräfte
3.1.2.1. Dialyse
3.1.2.2. Elektrophorese, Elektroosmose
3.1.3. Stofftrennung durch Verteilungsgleichgewichte
3.1.3.1. bei Anwesenheit einer festen Hilfsphase
3.1.3.1.1. Adsorptionschromatographie, Gaschromatographie
3.1.3.1.2. Ionenaustausch
3.1.3.2. bei Anwesenheit einer flüssigen Hilfsphase
3.1.3.2.1. Verteilungschromatographie, Papierchromatographie
3.1.3.2.2. Gegenstromverteilung
3.1.3.2.3. Extraktive Destillation
3.1.4. Stofftrennung innerhalb von Phasensystemen
3.1.4.6. Destillation
3.1.4.5. Sublimation
3.1.4.3. Schmelzen, normales Erstarren
3.1.4.4. Zonenschmelzen
3.1.4.1. Kristallisation
3.1.4.2. Lösen

3.2. Bestimmungsmethoden
3.2.1. Mengenabhängige Eigenschaften
3.2.1.1. Absorptionsspektrographie (IR, Sichtbar, UV, Röntgen)
3.2.1.2. Fluoreszenzspektrographie (Sichtbar, UV, Röntgen)
3.2.1.3. Röntgenstreuungsspektrographie
3.2.1.4. Raman-Spektrographie
3.2.1.5. Kernmagnetische Resonanz
3.2.1.6. Röntgenstrukturanalyse
3.2.2. Mengenunabhängige Eigenschaften
3.2.2.1. Dichte
3.2.2.2. Lichtbrechung
3.2.2.3. Kryoskopie
3.2.2.4 Korngröße

Analyse bedarf jedoch häufig chemischer Vorbereitungen, z. B. der Anreicherung von Fremdmetallspuren, d. h. der Änderung des Konzentrationsverhältnisses der Spuren zu den Hauptbestandteilen. Hierzu sind vor allem extraktive Verfahren, bevorzugt das Ausschütteln, geeignet.

Die Nachweisbarkeitsgrenze für Spurenelemente liegt, ähnlich wie für kolorimetrische und photometrische Meßverfahren, bei $5 \cdot 10^{-4}$ bis $1 \cdot 10^{-5}$% = 5 bis 0,1 ppm.

2.2.3.1: Bei der Aktivierungsanalyse können im Gegensatz zu allen übrigen Analysenverfahren Verunreinigungen aus Gefäßen und Reagenzien das Resultat nicht beeinträchtigen. Die Aktivierungsanalyse ist nicht ausschließlich von einem Kernreaktor oder einem Neutronengenerator mit hohem Neutronenfluß abhängig, auch Ra-Be- sowie Sb-Be-Quellen erlauben die Aktivierung einiger Elemente, die einen hohen Einfangquerschnitt für Neutronen haben.

3.1.3.1.1: Die Methoden der Gasanalyse haben in den letzten Jahren eine starke Wandlung erfahren. Herrschten anfangs noch chemisch-volumetrische Verfahren vor, so ging man bald zur fraktionierenden Kondensation und Destillation über, während jetzt fast ausschließlich physikalische Methoden Anwendung finden. Hierbei haben die magnetische Sauerstoffmessung, die photometrische Gasanalyse und die Gaschromatographie besondere Bedeutung erlangt.

Bei der *magnetischen Sauerstoffmessung* wird der das Sauerstoffmolekül vor allen anderen technischen Gasen auszeichnende Paramagnetismus zur spezifischen Messung der Sauerstoffkonzentration in einem Gasgemisch ausgenutzt.

Die *photometrische Gasanalyse* bedient sich der jeder Molekülart eigenen Absorption elektromagnetischer Strahlung, und zwar der für die einzelnen Gasarten spezifischen Wellenlängen.

In der *Gaschromatographie* wird zunächst die zu untersuchende, einem Trägergasstrom zugegebenen Gasprobe mittels einer Trennsäule in eine Kette binärer Gasgemische aufbereitet, die dann nacheinander durch einen Gasanalysator geleitet werden. Jede Komponente liefert so als Konzentrations-Zeit-Diagramm eine Glockenkurve, deren Zeitintegral (Fläche bezogen auf die Gesamtfläche aller Glockenkurven des Chromatogramms) ein Maß für die Konzentration des betreffenden Gasbestandteils in dem ursprünglichen Gemisch ist.

Bei gaschromatographischen Analysen gestattet der übliche Thermistor-Detektor Substanzmengen zwischen 10^{-3}—10^{-4} mg zu erkennen. Verwendet man einen Flammen-Ionisationsdetektor, so steigt die Nachweisgrenze auf 10^{-5}—10^{-6} mg. Hierdurch lassen sich geringste Verunreinigungen in technischen Gasen und Flüssigkeiten bestimmen. So können beispielsweise gaschromatographisch noch 1/50 ppm Kohlenwasserstoffe in Luft qualitativ und quantitativ nachgewiesen werden.

Die für die Gasanalyse nur kurze Zeit bedeutungsvolle Massenspektrometrie ist heute hinter der Gaschromatographie stark zurückgetreten.

3.1.4.4: Die Praxis und Theorie des Zonenreinigens wird in breiter Form in der Literatur behandelt. Man macht bei diesem Reinigungsverfahren von der Tatsache Gebrauch, daß die Konzentration einer Verunreinigung in der Schmelze einerseits, und in einem aus dieser Schmelze langsam gewachsenen Kristall andererseits im allgemeinen nicht gleich ist, d. h. daß der sogenannte „Verteilungskoeffizient“ $k = C_{\text{fest}}/C_{\text{flüssig}} \neq 1$ ist. Wird nun eine schmale, geschmolzene Zone wiederholt langsam in derselben Richtung durch einen stabförmigen Kristall gezogen, so erhält man folgende Verteilung der Verunreinigungen:

Für Verteilungskoeffizient

$k < 1$: Anreicherung am hinteren Stabende,
$k = 1$: homogene Verteilung im Stab,
$k > 1$: Anreicherung im vorderen Teil des Stabes.

Da die Diffusion den Reinigungsprozeß wieder rückgängig zu machen versucht, ist seine Wirksamkeit geringer, als auf Grund der idealen Verteilungskoeffizienten berechnet. Die effektiven Verteilungskoeffizienten hängen außerdem noch von der Erstarrungsgeschwindigkeit ab, daher ergeben sich weitere Komplikationen. Als Reinigungsmethode hat das Zonenschmelzen eine große Bedeutung erlangt, da es gegenüber den chemischen Verfahren ohne Substanzverwandlung arbeitet. In Tabelle 3 ist die Reinigungswirkung für 11 Zonendurchgänge im Al dargestellt.

3.2.2.3: Die einzige Methode, die die Reinheit eines Stoffes direkt erfaßt, ist die Kryoskopie, mit der sich auch absolute Aussagen über die Reinheit einer Substanz machen lassen, selbst wenn keine völlig reine Vergleichssubstanz vorliegt. Mit der äußerst geringen Varianz von $\pm$ 0,03% kann die Reinheit in Mol-% angegeben werden.

Von aussschlaggebender Bedeutung für die Anwendung bestimmter Reinigungs- und Analysenmethoden ist die Berücksichtigung der Menge sowie der chemischen und physikalischen Eigenschaften der betreffenden Grundsubstanz und ihrer Fremdbeimengungen. Bevor man bestimmte Reinigungsmethoden zur Entfernung bzw. Analysenverfahren zur Feststellung der Verunreinigungen ausarbeitet, muß ermittelt werden, welche Konzentration an Fremdstoffen in einer bestimmten Substanz unerwünschte Veränderungen ihrer Eigenschaften hervorruft. Erst auf dieser Grundlage

Tabelle 3

Reinigungswirkung des Zonenschmelzens für Al*)

Verun-reinigung	Konz. im Ausgangs-mat. [ppm]	Konz. in den höchst-gereinigten Teilen des Barren [ppm]	Reinigungs-faktor
Fe	15,7	4,45	3,5
La	10,0	0,1	100
Cu	6,2	0,36	17
W	0,90	0,29	3,1
Sc	0,9	0,17	6
Cr	0,7	0,5	1,2
Mn	0,55	0,55	1
Sm	0,40	0,03	15
Ga	0,38	0,04	10
Dy	0,2	0,004	50
Co	0,03	0,004	7

*) Bedingungen für die Zonenschmelzen:

Ausgangsmaterial:	99,99% Al (Alean)
Barrenlänge:	20 cm
Barrendurchmesser:	2,5 × 1,5 cm
Material des Schiffchens:	Al_2O_3
Atmosphäre:	Ar
Länge der Schmelzzone:	3 cm
Anzahl der Zonendurchgänge:	11
Geschwindigkeit des Zonendurchgangs:	5 cm/h für die ersten 5, 4,3 cm/h für die folgenden 6

lassen sich durch Analogieschlüsse geeignete Reinigungsverfahren ermitteln und Analysenmethoden auswählen.

Die Steigerung des Reinheitsgrades einer Substanz macht einen Mehraufwand an apparativen Hilfsmitteln und an Arbeitszeit erforderlich. Auch die Analysenmethoden benötigen ganz allgemein mit steigender Erfassungsgrenze für ein bestimmtes Element einen erhöhten apparativen Aufwand, während die Genauigkeit der Ergebnisse zurückgeht (Tab. 4).

Die Sicherheit eines jeden Analysenergebnisses hängt vom Größenverhältnis des Meßwertes oder allgemein des benutzten Signals zum Störpegel der Methode ab. Dies gilt nicht nur für die chemische Analyse, sondern für alle Meßverfahren der Naturwissenschaften. In der spektrochemischen Analyse kommt der Störpegel zum Teil durch die Ungleichförmigkeit bzw.

Tabelle 4

Vergleich des zeitlichen und materiellen Aufwands für einige Analysenmethoden

Methode	Probemenge P [mg]	Erfassungsgrenze E [mg/ml]	Wirkungsgrad $W = P/E$	Genauigkeit des Analysenergebnisses (rel. %)	Zeitlicher Aufwand für Einzelanalysen: manuelle Arbeit [min]	Zeitlicher Aufwand für Einzelanalysen: Auswertung [min]	Zeitlicher Aufwand für Einzelanalysen: Bestimmungsdauer [min]	Unkosten pro Analyse (DM)
Gewichtsanalyse	100 – 500	0,1	10^3	0,2 – 0,5	20 – 180	5 – 10	25 – 190	10 – 25
Mikrogewichtsanalyse	1 – 10	$2 \cdot 10^{-3}$	$10^3 – 10^4$	0,5	30 – 180	5 – 10	35 – 190	10 – 25
Maßanalyse	20 – 200	0,1	$10^3 – 10^4$	0,2 – 0,5	5 – 80	5 – 10	10 – 90	1 – 3
Mikromaßanalyse	3 – 10	$1 \cdot 10^{-3}$	$10^3 – 10^4$	0,2 – 0,5	10 – 80	5 – 10	15 – 90	1 – 3
Kolorimetrie	0,1 – 1,0	$1 \cdot 10^{-5}$	$10^4 – 10^5$	1 – 5	5 – 15	2 – 5	7 – 20	1 – 2
Tüpfelanalyse	0,01 – 0,1	$1 \cdot 10^{-5}$	$10^3 – 10^4$	qualitativ	1 – 5	—	1 – 5	>1
Flammenphotometrie	1 – 10	$5 \cdot 10^{-6}$	$5 \cdot 10^5 – 5 \cdot 10^6$	1 – 5	2 – 15	5	7 – 20	1 – 3
Emissions-spektrographie	0,1 – 1	$2 \cdot 10^{-5}$	$10^4 – 10^5$	2 – 5	5 – 20	5 – 10	10 – 30	4 – 6
Massenspektrometrie	0,1 – 10	$1 \cdot 10^{-4}$	$10^3 – 10^5$	1 – 2	1 – 20	10 – 50	20 – 70	15 – 20
Neutronen – Aktivierungsanalyse	1 – 100	10^{-8}	$10^6 – 10^8$	5 – 10	10 – 60	15	25 – 75	15 – 30

Unruhe der Empfänger zustande (bei der photographischen Platte durch das Korn, bei lichtelektrischen Empfängern durch das Rauschen der Photozellen und der Verstärker). Einen weiteren Anteil zum Störpegel liefert der sogenannte Untergrund, der durch Banden, kontinuierliche Strahlung und störende Linien anderer Elemente hervorgerufen wird. Für den Störpegel kolorimetrischer und photometrischer Meßverfahren sind neben subjektiven und apparativen Einflüssen die mit den Reagenzien, Arbeitsgeräten usw. eingeschleppten Verunreinigungen von entscheidender Bedeutung. Allgemein ist der Störpegel jedes Meßverfahrens gekennzeichnet durch die zufälligen Schwankungen der Blindwerte.

Man kann Größe und Einfluß des Störpegels bestimmen, indem man eine genügende Anzahl von Blindmessungen macht und daraus die Standardabweichung berechnet. Damit ist zugleich die Nachweisgrenze, eine für die Spurenanalyse äußerst wichtige Kennziffer, gegeben. Zum sicheren Nachweis einer Substanz muß der zugehörige Meßwert mindestens dreimal so groß wie die mittlere Schwankung (Standardabweichung) der Blindwerte sein. Diese zahlenmäßige Festlegung der Nachweisgrenze ist unabhängig von der Willkür des einzelnen Beobachters.

Die in der Literatur bei photometrischen Nachweisverfahren fast immer angegebene Erfassungsgrenze, d. h. diejenige Konzentration, bei welcher die betreffende Farbreaktion gerade noch visuell oder photometrisch erkannt werden kann, liegt zwar gewöhnlich um etwa eine bis zwei Zehnerpotenzen niedriger, aber nur die statistisch ermittelte Nachweisgrenze gibt dem Analytiker ein sicheres Kriterium dafür, ob ein gefundenes Element tatsächlich in der Analysenprobe vorhanden war. Die Erfassungsgrenze sagt also nur etwas über den Charakter der Reaktion an sich aus, während der Bereich ihrer quantitativ-analytischen Verwertbarkeit nur bis zur Nachweisgrenze reicht. Die Lage der Nachweisgrenze entscheidet darüber, ob der Bestimmung eines Elementes nach einem vorgegebenen Verfahren eine chemische Anreicherung vorangehen muß.

Seht man von den gewichtsanalytischen Bestimmungen ab, die für die Herstellung von Analysenstandards bedeutungsvoll sind, so liegt der Zeitbedarf – ausgenommen ist die Vorbereitungszeit, wie Reinigen der Gefäße, Justieren der Apparaturen usw. – für alle Methoden etwa in der gleichen Größenordnung. Die Genauigkeit des Analysenergebnisses beträgt bei chemischen Verfahren etwa $\pm$ 0,3 bis 0,5%, während ein physikalisches Registrierinstrument bestenfalls eine Genauigkeit von $\pm$ 0,3% besitzt.

Wird für die Geräte eine fünfjährige Amortisation angesetzt, so übersteigen nur bei der Emissionsspektrographie und der Massenspektrometrie die Gerätekosten die Personalkosten. Obwohl der Anschaffungswert moderner physikalischer Geräte hoch liegt, können die Unkosten für die Einzelanalyse aber durchaus auf Sätze heruntergehen, die chemischen Anlaysen entsprechen.

B. Analytik von Spurenelementen

Einer der wesentlichen Entwicklungszüge der modernen analytischen Chemie ist die Suche nach Verfahren zur raschen und quantitativen Bestimmung kleinster Gehalte, eine Entwicklung, die durch die ständig anwachsenden Forderungen der Technik und durch die zunehmenden Kenntnisse über die Aktivität kleinster Substanzmengen erzwungen wird. Der allgemeine Gang jeder Anreicherungsoperation läßt sich in folgende Arbeitsgänge zerlegen:

a) Vorreinigung der Chemikalien, um die Gefahr der Einschleppung von Fremdstoffen zu vermeiden.

b) Aufschluß der zu analysierenden Substanz.

c) Anreicherung der Fremdbeimengungen, wobei auf günstige Anreicherungsfaktoren (R) oder bei Extraktionsverfahren auf geeignete Trennfaktoren (β) und Verteilungszahlen (G) zu achten ist.

$$R = \frac{m_{SA}/m_{HA}}{m_{SO}/m_{HO}} = \frac{C_{SA}/C_{HA}}{C_{SO}/C_{HO}}$$

m = Menge
C = Konzentration
S = Spur
H = Hauptbestandteil
A = nach der Anreicherung
O = am Anfang

$$\beta = \frac{G_I}{G_{II}}$$

$$G = \frac{p}{q}$$

$$p = \frac{\text{Substanzmenge in der Oberphase}}{\text{Gesamtsubstanzmenge}}$$

$$q = \frac{\text{Substanzmenge in der Unterphase}}{\text{Gesamtmenge}}$$

d) Vorbereitung des Spurenkonzentrats zur Analyse.

e) Analyse.

Fast immer sind die chemisch-analytischen Eigenschaften einiger wichtiger Spurenelemente denjenigen der Hauptbestandteile weitgehend gleich, wodurch ihre Trennung erschwert wird. Oft ist es so, daß die betreffenden Elemente gerade wegen ihrer analogen Verhaltensweise — nämlich kristallchemischer Vertretbarkeit, Mischkristallbildung, Isomorphiebeziehungen, gleichartige Bedingungen für die Bildung und Fällung bestimmter Verbindungen — die Hauptbestandteile als Spurenelemente begleiten.

Für die anorganische Spurenanalyse kommen, je nach der Art des nachzuweisenden Elements, sechs Verfahren bevorzugt zur Anwendung (Abb. 1). Die Zuverlässigkeit einer Spurenanalyse hängt jedoch nicht zuletzt von den Hilfsmitteln ab, mit welchen man die Anreicherung durchführt. Dabei ver-

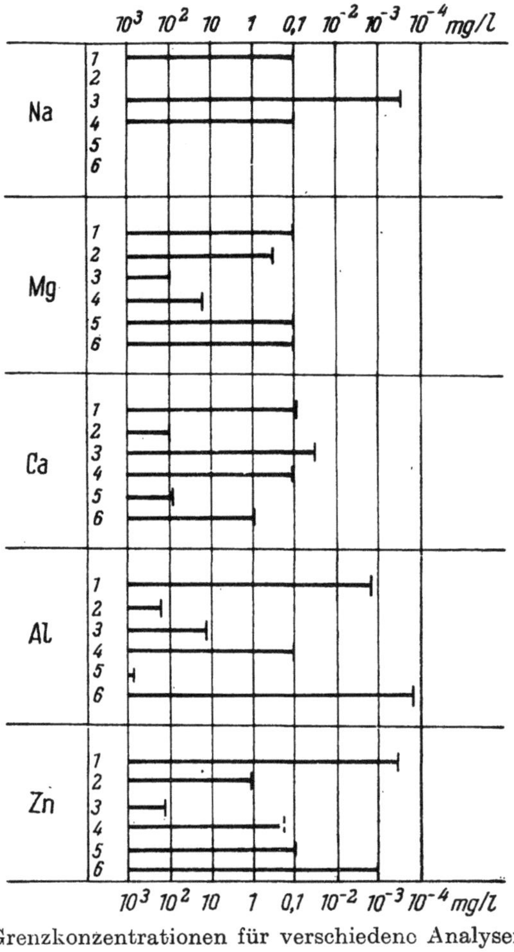

Abb. 1. Grenzkonzentrationen für verschiedene Analysenverfahren

1 Kolorimetrie; *2* Amperometrie; *3* Flammenphotometrie; *4* Emissionsspektrometrie; *5* Röntgenfluoreszenzspektrometrie; *6* Neutronenaktivierung. Hierbei handelt es sich um Werte für den Oak Ridge X-10 Reaktor mit einem Neutronenfluß von $5 \cdot 10^{11}$ Neutronen $\cdot$ $cm^{-2} \cdot s^{-1}$. Die Anwendung dieser Methode erscheint jedoch nur dann vertretbar, wenn sie den anderen Analysenverfahren größenordnungsmäßig überlegen ist dienen die Reinigung und Reinhaltung der Reagenzien besondere Bedeutung.

Mit steigender Empfindlichkeit der Versuchsanordnung lassen sich in einer bestimmten Substanz immer weitere Elemente auffinden, so daß die Theorie der Allgegenwart aller Elemente von NODDACK ihre Bestätigung findet. Der positive oder negative Ausfall der Anzeige eines Elements ist weitgehend eine Frage der Nachweisempfindlichkeit der angewandten Methode (Tab. 5). Entscheidend bleibt aber immer der Zusammenhang zwischen der Konzentration und der äußerlich feststellbaren Wirkung einer Verunreinigung.

C. Betriebsanalysen für Reinststoffe

Bei der Betriebsanalyse entspringt die Forderung nach Schnelligkeit der Analysenmethode wirtschaftlichen Überlegungen. Die automatische Regelung eines Betriebsvorganges stellt für Drücke, Temperaturen oder ähnliche physikalische Größen eine übliche, lösbare Aufgabe dar. Ähnliche Regelaufgaben, z. B. die automatische Steuerung der Reinheit und Menge eines in einem thermischen Prozeß erhaltenen Endproduktes bei Änderung der Konzentrationen der Ausgangsstoffe, sind auch für analytische Fragestellungen zu bewältigen, wenn ein automatisches Analysengerät zur Verfügung steht. So läßt sich beispielsweise die Konstanz des Brechungsindex zur Regelung einer Destillationskolonne verwenden. Im Vergleich zur IR- und UV-Spektroskopie liefert die Gaschromatographie Analysenwerte mit etwa 5 bis 30 min Verspätung zum eigentlichen Betriebsvorgang. Die Verzögerung zwischen Probenahme und Ergebnis läßt sich in Kauf nehmen, wenn sie kleiner oder gleich der Zeitkonstanten des gesamten, zu regelnden Verfahrens ist.

Häufig läßt sich ein Analysenverfahren nicht automatisieren, wie z. B. die Emissionsspektrographie für die Stahlanalyse. In diesem Falle muß der Mensch zum Vergleich des Sollwertes und zur Betätigung der Steuermechanismen eingeschaltet werden. In der Stahlanalyse werden zwischen Probenahme und Steuerung des Reaktionsraumes bei Verwendung eines automatischen Spektralgerätes unter Einbeziehung menschlicher Arbeitsleistung 3 min benötigt.

Die Reinheit eines Materials kann nur in bezug auf seinen Verwendungszweck betrachtet werden. Es kommt sehr häufig vor, daß höchstreine Materialien gefordert werden, ohne daß durch vorangegangene Untersuchungen die Reinheitsforderungen festgelegt wurden. Wenn man bedenkt, daß die Reinigung, beispielsweise des Galliums von 99,999% auf 99,9999% mit sehr hohen Kosten und Materialverlusten verbunden ist, so erscheint

Tabelle 5

Nachweisbarkeit verschiedener Elemente im Al bei steigender Empfindlichkeit der Nachweismethoden

Für den empfindlichsten Nachweis ist die Erfassungsgrenze in ppm angegeben

	Ag	As	B	Ba	Be	Bi	Ca	Cd	Ce	Co	Cr	Cu	Fe	Ga	La	Mg	Mn
Polarographie																	
Flammenphotometrie							+									+	
Kolorimetrie			+									0,5	0,5				0,5
Emissionsspektrographie	5		+	+	1	+	0,4	10		+	+	0,5	+	+		0,5	0,5
Massenspektrometrie		<0,03	<0,04	0,1		<0,02			<0,01	<0,06	<0,6			<0,1	<0,01		

	Na	Nd	Ni	P	Pb	Pr	S	Sb	Si	Sn	Th	Ti	Tl	V	Zn	Zr
Polarographie					+										2	
Flammenphotometrie	+															
Kolorimetrie				+	+		0,5		+			+				
Emissionsspektrographie	0,3		+		+				0,8	2		+		10	+	10
Massenspektrometrie		<0,1	<0,08	<0,1		<0,01		0,02			<0,02	0,3	<0,02			

die Forderung gerechtfertigt, zuerst durch bewußt zugesetzte Verunreinigungen die gerade noch tragbare untere Grenze an Verunreinigungen für eine bestimmte Stoffeigenschaft festzulegen. Während über Reinigungsmethoden mit ständig gesteigerten Aufwand in großem Umfang publiziert wird, ist über derartige Untersuchungen zur Festlegung des noch möglichen Verunreinigungsgrades nur wenig bekannt geworden.

Im folgenden soll auf spezielle Werkstoffe der Elektrotechnik unter dem Aspekt eines ökonomisch vertretbaren Aufwandes an Reinheit eingegangen werden.

1. Oxidkathoden für Rundfunkröhren und Leuchtstofflampen

Die Reinheitsanforderungen sind hier verhältnismäßig gering und es werden allgemein analysenreine Chemikalien als Ausgangssubstanzen benutzt. Die Darstellung des emissionsfähigen Ba, Sr, Ca-Oxidgemisches geht nach folgendem Schema vor sich:

$$\left.\begin{array}{l}Ba(NO_3)\\Sr(NO_3)\\Ca(NO_3)\end{array}\right\} + (NH_4)_2CO_3 \rightarrow \begin{array}{l}BaCO_3\\SrCO_3\\CaCO_3\end{array}\left[\begin{array}{c}\text{Waschen, Fil-}\\ \text{trieren, An-}\\ \text{pasten und}\\ \text{Aufbringen auf}\\ \text{die Unterlage}\\ \text{(Ni, W)}\end{array}\right] \xrightarrow[\text{Aktivieren}]{\text{Glühen}} \begin{array}{l}(Ba,Sr)O,\\CaO\end{array}$$

Das Oxidgemisch enthält noch:

0,18—0,21% Al_2O_3
0,14—0,28% Fe_2O_3.

Die Kontrollanalysen werden im allgemeinen auf spektrochemischem Wege durchgeführt. Da diese Methode die gleichzeitige Bestimmung mehrerer Elemente gestattet, lassen sich beispielsweise in 15 Proben innerhalb von 2 Stunden die Gehalte an Al, Cu, Fe, Mg, Mn und Pb quantitativ festlegen (J. T. Organ und S. L. Parsons, 1948), das bedeutet einen Arbeitsaufwand von 80 sec pro Element.

Ba und Sr sind die Hauptbestandteile der Abdampfprodukte von Oxidkathoden. Je nach den Herstellungsbedingungen des Carbonatgemisches, dem Unterlagematerial, den Aktivierungsbedingungen und den Brennbedingungen der Kathode wechselt die Menge und Zusammensetzung der Abdampfprodukte. Neben der Aktivierungsanlayse wurden für die Identifizierung des Ba und Sr sowie einiger Begleitverunreinigungen (Cu, Fe, Ni, Pb) papierchromatographische Methoden entwickelt (W. Düring und H. Kunze, 1958; F. Modreanu, 1958), wobei noch eine Trennung von 2 μg Ba und Sr möglich war.

Die Anwesenheit von Gasspuren im Gasvolumen der Lampenkolben wird mit modernen analytischen Methoden, z. B. durch Gaschromatographie, ermittelt. Automatisch arbeitende Gasanalysatoren dienen hierbei der Fertigungsüberwachung.

Tabelle 6
Erzeugung von Elektronen

Effekt	Kathodentyp vor 1950	Kathodentyp nach 1950	Anwendung in der Röhrenindustrie
Thermische Emission	Wolframkathode Oxidkathode	Lanthanborid-kathode Sinterkathode Imprägnierte Kathode	Vakuum- und gasgefüllte Röhren
Photoelektrische Emission	massive Kathode geschichtete Kathode	Multialkali-kathode	Bildaufnahme-röhren Photozellen Bildwandler
Feld-Elektronen-Emission	Reinmetall	Halbleiter-kathode Prallkathode	Feld-Ionen-Mikroskop Empfängerröhre
γ-Effekt	Kalte Oxidkathode	Kalte Reinmetall-kathode	Gasentladungs-röhren
Sekundär-elektronen-Emission	Reinmetall Metallverbin-dungen Metalloxide	—	Sekundär-Elektronen-vervielfacher

2. *Luminophore* (*Tab. 9*)

Bei allen Vorschriften zur Herstellung von Luminophoren findet man prinzipiell folgendes Schema:

1. Darstellung der reinen Ausgangsstoffe

Die zur Darstellung von nichtsulfidischen Luminophoren benötigten Ausgangsstoffe werden meist in analysenreiner Form verwendet und gegebenenfalls nachgereinigt. Von besonders ungünstigem Einfluß auf die Lumineszenzeigenschaften sind solche Fremdmetalle, sog. ‚Killer', wie Fe, Cu und Co.

Tabelle 7

Die wichtigsten Glühkathoden

Gruppe		Bezeichnung der Kathode	Betriebs-temperatur	Brauchbare therm. Emiss. A/cm²	Wirtschaft-lichkeit mA/W	Aus-tritts-arbeit	Verwendungs-zweck
Reine Metallkathoden		Wolframkathode	2150—2350	0,3—0,7	2—10	4,44	Großsende-röhren
		Tantalkathode	1900—2150	0,17—0,65	2,5—12,7	4,1	
Film-kathoden		Thorierte Wolframkathode	1500—1600	0,3—0,8	35—50	2,6—2,9	Senderöhren
		Karbonierte thorierte Wolframkathode	1650—1700	0,7—1,5	50—70	—	
	Dis-penser-katho-den	L-Kathode 1949	950—1150	0,5—10	100—1000	1,6—2,0	Höchstfrequenz-röhren
		M-Kathode 1951	950—1100	>0,5		1,6	
		P-Kathode 1951	1050—1150	0,5—5		1,7	
		J-Kathode 1952	1130	0,5—8		1,67	
Halbleiter-Kathoden		Oxidkathode a) Dauerbelastung	700—850	0,15—0,5	60—100	1,0—1,5	Empfänger- u. Senderöhren kleiner u. mittlerer Leistung
		b) Impulsbelastung		3—30	100—1000		
		Lanthan-Borid-Kathode 1950	1350—1500	0,2—0,8	—	2,66	—

Tabelle 8

Einteilung der Getter

Gruppe	Zusammensetzung	Verdampfungstemperatur	Arbeitstemperatur	Anwendung seit	Anwendungsform
Massegitter [Gasbindung durch Lösung]	Thorium	—	400° — 1600 °C	1919	gesintert
	Tantal	—	700° — 1200 °C	1923	massives Blech
	Titan	—	800° — 1200 °C	1940	gesintert
Kaltgetter [Gasbindung durch Lösung]	Zr-Ni-Al-W	—	40° — 80 °C	1955	in Metallnäpfe gepreßt
	Ti-V-Al	—			
Verdampfungsgetter [Gasbindung vorwiegend chemisch]	Ba-Mg	—	max. 200 °C	1933	Pille
	Al-Ba-Th-Fe_2O_3 (Bato)	900° — 1000 °C		1940	Pille oder Paste
	Al-Ba-Ti-Fe_2O_3 (Bati)	900° — 1000 °C		1945	
	Al + Ba (Alba)	1150 °C		1952	Paste
	Al-Ba-Ni	950 °C		1958	Bügel- oder Ringgetter
Reaktionsgetter [Gasbindung vorwiegend chemisch]	BaO-Al (Albo)	—	max. 200 °C	1927	Pille
	$BaCo_3$-Ta (Batalum)	1100° — 1300 °C		1937	Paste
	Ba-Be-Ta (Berryllat)	1100° — 1300 °C		1940	Paste

Sulfidluminophore benötigen hochgereinigtes Ausgangsmaterial. Der Einfluß von Spurenmetallen ist hier ausgeprägter als bei den übrigen Luminophoren und beginnt bei wesentlich geringeren Killerkonzentrationen, z. B. für Fe bereits $< 10^{-5}$ %.

Zur industriellen Fertigung werden die Ausgangsstoffe durch Umkristallisieren, fraktionierte Fällungen, Extraktion der Verunreinigungen oder chromatographische Methoden vorgereinigt. Durch diese Verfahren muß, speziell für Sulfid-Luminophore (ZnS, (Zn,Cd)S, SrS), eine hohe Reinigungswirkung erzielt werden.

2. Herstellung des Grundleuchtstoffs

Die eigentliche Leuchtstoffverbindung wird aus den vorgereinigten Ausgangsstoffen entweder durch eine Fällungsreaktion aus wäßriger Lösung und anschließendem Glühprozeß oder durch eine Festkörperreaktion des Gemisches der Ausgangsstoffe bei höheren Temperaturen hergestellt.

3. Aktivierung

Da ein Teil der Luminophore erst durch Einbau sogenannter Aktivatoren, meist Schwermetallspuren, Lumineszenzfähigkeit erlangt, müssen diese entweder bei der Herstellung des Grundleuchtstoffes oder in einem gesonderten Glühprozeß eingebaut werden.

4. Zerkleinerung des Leuchtstoffs

Alle Luminophore sind mehr oder weniger stark druckempfindlich und es treten beim Mahlen der Leuchtstoffe Intensitätsverluste auf. Daher werden bereits durch Sieben die groben Anteile abgetrennt und der Mahlprozeß möglichst schonend durchgeführt.

5. Aufbereitungsprozeß

Zur Weiterverarbeitung werden die Luminophore entsprechend ihrer Verwendung einem Aufbereitungsprozeß unterworfen, der bei der Lampenfertigung beispielsweise in der Herstellung einer Suspension Butylacetat-Leuchtstoff besteht.

Zur Analytik der Luminophore reichen in fast allen Fällen die einfacheren Methoden, einschließlich der Spektralanalyse, aus, denen gegebenenfalls ein Anreicherungsverfahren vorgeschaltet wird.

Tabelle 9

Verwendung von Leuchtstoffen in der Elektrotechnik, geordnet nach den Anregungsbedingungen

1. Anregung durch UV
   1.1 Gasentladungslampen
      1.1.1 Niederdruck
      Zinksilicat, Calciumwolframat, Calciumhalophosphate, Calciumphosphat, Magnesiumarsenat.
      Vorwiegend für Reklamebeleuchtung: Zinksilicat, Zinkberylliumsilicat, Calciumwolframat, Magnesiumwolframat, Cadmiumborat, Calciumphosphat.
      1.1.2 Hochdruck
      Magnesiumarsenat, Magnesiumhaloarsenat, Magnesiumgermanat, Zinkpyrophosphat.
      1.1.3 Glimmlampen
      Zinksilicat, organische Verbindungen
      1.1.4 Lichtdrucklampen
      Calciumwolframat-Calciumphosphat, Lanthancersilicat.
      1.1.5 Bestrahlungslampen
      Emission 270—300 nm: Calciumphosphat
      Emission 300—400 nm: Calciumwolframat, Bariumsilikat, Alkalihalogenide
   1.2 Ultrarote Signalgebung
   Erdalkalisulfide, Zinksulfid
2. Elektronische Anregung
   2.1 Fernsehschirme
   Zinksulfid, Zinkcadmiumsulfid, Zinksulfidselenid, Zinksilicat, Cadmiumwolframat, Zinkborat
      2.1.1 Farbfernsehschirme
      Blaukomponente: Zinksulfid, Calciummagnesiumsilicat
      Gelbkomponente: Zinkcadmiumsulfid
      Rostkomponente: Zinkselenid, Zinkphosphat, Calciumphosphat
      Grünkomponente: Zinksilicat, Zinkoxid
      2.1.2 Projektionsfernsehschirme
      Zinksilicat
   2.2 Radarschirme
   Zinksulfid, Zinkcadmiumsulfid (nachleuchtender Bestandteil der Radar-Kaskadenschirme), Zinksilicat, Calciumphosphat, Magnesiumfluorid, Zinkfluorid, Zinkmagnesiumfluorid
   2.3 Oszillographen
   Zinksulfid, Zinkcadmiumsulfid, Zinksulfidselenid, Zinksilicat, Calciumwolframat

2.4 Elektronenmikroskope
Zinkcadmiumsulfid (auch in Form einkristalliner Schichten)

2.5 Filmabtaströhren
Calciummagnesiumsilicat, Calciumaluminiumsilicat, Zinkoxid

2.6 Abstimmanzeigeröhren (magisches Auge)
Zinkoxid, Zinksilicat

2.7 Bildwandlerröhren
Zinksilicat, Zinkcadmiumsulfid, Zinksulfidselenid

3. Anregung im elektrischen Feld (Elektrolumineszenz)
Zinksulfid, Zinkcadmiumsulfid, Zinksulfidselenid, Galliumnitrid

4. Anregung durch Röntgenstrahlen
Zinksulfid, Zinkcadmiumsulfid, Calciumwolframat, Cadmiumwolframat, Zinkoxid (Stroboskop), Alkalihalogenide und Bariumsulfat (Verstärkerfolien).

3. Halbleiter

Die Probleme bei der Herstellung hochreiner Kristalle, vor allem in der Halbleitertechnologie, liegen auch heute noch vorrangig in der ungenügenden Kenntnis der chemischen Zusammensetzung der verwendeten Ausgangsmaterialien bezüglich ihres Spurengehaltes und in der Fernhaltung einer Reihe von Elementen relativ hoher Allgegenwartskonzentration während der Herstellung und Weiterverarbeitung der Reinstmaterialien. Will man beispielsweise Germanium soweit reinigen, daß es nur eigenleitend ist, muß man von folgenden Überlegungen ausgehen: Die Trägerdichte im Germanium beträgt bei 300 °K $2{,}5 \cdot 10^{13}\,\mathrm{cm}^{-3}$. Da im eigenleitenden Zustand $n = p = n_i$, d. h. die Dichte der Elektronen = Dichte der Defektelektronen = Inversionsdichte ist, muß die Konzentration der Störstellen kleiner als n_i $2{,}5 \cdot 10^{13}\,\mathrm{cm}^{-3}$ sein. Die Konzentration der Germaniumatome beträgt $4{,}52 \cdot 10^{22}$ Atome/cm³, also darf auf $1{,}8 \cdot 10^{9}$ Germaniumatome höchstens ein Fremdatom kommen. Die Wirkung kleinster Mengen an Verunreinigungen kann schon die Eigenschaften des Halbleiters bedeutend beeinflussen. Es reichen etwa $10^{-6}\%$ Ni, Cu oder Fe im Germanium aus, um die Lebensdauer der Minoritätsträger um mehr als eine Zehnerpotenz zu vermindern und es damit für eine normale Transistorfertigung unbrauchbar zu machen.

Die Wirkung der Beimengungen ist weitgehend spezifisch. So werden die elektrischen Eigenschaften des Germanium durch Elemente wie Silicium, Stickstoff, Wasserstoff, Kohlenstoff auch in größeren Mengen (bis zu einigen %) nicht beeinflußt, da diese im Germanium keine ionisierbaren Zentren bilden. Geringe Zusätze von Legierungspartnern, die im Halbleiter

Donatoren, Akzeptoren oder Trap- bzw. Rekombinationszentren (ganz allgemein: ionisierbare Zentren) bilden, beeinflussen dagegen die Halbleitereigenschaften außerordentlich stark.

Im allgemeinen werden die chemischen Reinigungsoperationen am Anfang der Aufbereitung des Grundmaterials stehen; hierbei werden eine Reihe von Verbindungen dargestellt, die eine besonders wirksame Abtrennung bestimmter Fremdstoffe erlauben. Häufig wird in der Endstufe ein Halogenid erhalten, das sich durch fraktionierte Destillation nochmals reinigen läßt und erst dann in das betreffende Element überführt wird. Als physikalische Reinigungsoperation schließt sich dann vielfach noch das Zonenschmelzen an und es ist bereits während der Aufbereitung mit chemischen Mitteln darauf zu achten, daß keine, auf physikalischem Wege schwer entfernbaren Fremdstoffe zurückbleiben oder eingeschleppt werden.

In der Halbleitertechnik wird ein Grundmaterial verlangt, das auf 1 g höchstens $1\,\text{ng} = 10^{-9}\,\text{g}$ an Fremdbeimengungen enthalten soll. Unter Benutzung moderner Reinigungs- und Kristallzüchtungsmethoden konnten z. B. die restlichen Verunreinigungen im Germanium und Silicium auf 10^{12} Fremdatome/cm^3 herabgedrückt werden; das entspricht bei einer Gleichsetzung der Fremdatome mit Atomen in einem Gas einem Vakuum von $4 \cdot 10^{-5}$ Torr.

Weiterhin ist zu beachten, daß in zahlreichen Verbindungen mehr oder weniger große Abweichungen von der Stöchiometrie vorkommen. Dadurch besteht eine zusätzliche Möglichkeit zur Entstehung von Störstellen.

Während die Reinigungsmethoden eine stete Steigerung erfahren, wurde in den letzten Jahren besondere Aufmerksamkeit der Realkristallstruktur der Halbleitermaterialien gewidmet, die in Unregelmäßigkeiten im Aufbau des Gitters besteht. Hierzu gehören vor allem Versetzungen, die den Kristall durchziehen und Dichten von 10^5 und höheren Potenzen pro cm^2 Querschnitt erreichen. Da es bei diesen Versetzungen nicht allein auf ihre Zahl als auch auf ihre Art und ihre geometrische Anordnung im Kristallgitter ankommt, sind Verfahren entwickelt worden, um sowohl summarisch die Dichte als auch das Verhalten von Einzelversetzungen und anderen Gefügestörungen bestimmen zu können.

Um Versetzungsdichten zu messen, wird wegen ihrer Einfachheit vornehmlich die Ätzmethode angewendet. Man setzt die durch eine Oberfläche hindurchstoßenden Versetzungslinien den bei bestimmten Ätzverfahren auftretenden Ätzgrübchen gleich. Das ist immer dann zulässig, wenn durch subtilere Verfahren die Proportionalität zwischen Ätzgruben- und Versetzungsdichte sichergestellt ist.

Schwieriger ist die Feststellung der Realstruktur von Pulvermaterialien. Da diese aber meist höhere Versetzungsdichten als $10^5/cm^2$ aufweisen, kann man bei vorgegebener Korngröße zumindest noch halbquantitative Werte aus der Linienbreite der DEBYE-SCHERRER-Diagramme gewinnen.

Für genauere Untersuchungen der Realstruktur von Einkristallen eignen sich Dekorations- und Röntgenverfahren. Bei den Dekorationsverfahren macht man davon Gebrauch, daß geeignete Dotierungselemente sich bevorzugt im Zentrum des Spannungsfeldes der Gitterstörungen anreichern. Durch Tempern der zu untersuchenden Kristalle in entsprechenden Atmosphären und anschließender Ultrarotdurchleuchtung lassen sich einzelne Baufehler sehr genau verfolgen.

Teurer, aber vorteilhafter sind röntgenographische Untersuchungen. Es lassen sich noch genauere Aussagen über die Geometrie der Baufehler gewinnen als beim Dekorationsverfahren und vor allem wird der Kristall durch die Messung nicht in seinen Halbleitereigenschaften beeinträchtigt. Bevorzugt wird heute das von LANG entwickelte Verfahren angewendet. Man läßt ein von einer Feinfokusröhre kommendes Bündel parallelen, monochromatischen Röntgenlichtes an einer niedriginduzierten — also stark streuenden — Netzebene reflektieren. Es wird dabei die Netzebene so gewählt, daß, bezogen auf die Einfallsrichtung, der Film (Empfänger) entweder schräg vor oder hinter dem Kristall liegt, je nachdem, ob man sich mehr für das Kristallinnere oder die oberflächennahen Gebiete dickerer Kristalle interessiert. Um größere Kristallgebiete untersuchen zu können, wird Film und Kristall synchron vor dem Röntgenbündel bewegt. Die erhaltenen Aufnahmen werden nachträglich 60 bis 100fach vergrößert.

Prinzipiell wäre es auch möglich, den Kristall mit einem breiten Bündel auszuleuchten und sich das Abrastern zu sparen. Für einfachere Übersichtsaufnahmen wird das auch gemacht (Verfahren nach BARTH), doch gibt es leider noch keine geeigneten Linsensysteme um Röntgenstrahlenbündel größeren Querschnittes zu parallelisieren, so daß diese Aufnahmen ein geringeres Auflösungsvermögen besitzen.

Für Realstrukturuntersuchungen reiner Oberflächen und dünner Schichten sind elektronenmikroskopische Untersuchungen geeigneter. Vor allem ist es mit diesen möglich, nicht nur Aussagen über die Geometrie sondern auch über die Kinetik der Versetzungsnetzwerke zu bekommen.

Für industrielle Untersuchungen wird man je nach der Aufgabenstellung das eine oder andere der Verfahren anwenden. In der Grundlagen- und Erkundungsforschung müssen sämtliche Methoden benutzt werden, denn jede gibt für sich allein nur einen Teilaspekt der gesamten Realstruktur wider.

Außerdem ist zu bedenken, daß jede Halbleiteroberfläche als zweidimensionale Störstelle aufzufassen ist und somit eine beeinträchtigende Wirkung auf die Funktionsfähigkeit eines Halbleiterbauelementes besitzt. Die Größe und Art der Störung hängt hierbei weitgehend von der Oberflächenbeschaffenheit ab.

Da die besonderen Eigenschaften der Halbleiter erst am einkristallinen Material voll in Erscheinung treten, müssen die hochreinen Ausgangssubstanzen in Einkristalle umgewandelt werden. Hierfür werden drei Verfahren bevorzugt angewendet:

1. Der Kristall wird mit Hilfe eines orientierten einkristallinen Keims senkrecht aus der Schmelze gezogen. Der Kristall wächst hierbei unbeeinflußt von den Tiegelwandungen.
2. Das waagerechte Zonenschmelzen mit vorgelegtem Keim gewährleistet zwar eine günstige Temperaturverteilung und einen geringen Gewichtseinfluß, jedoch bewirken die Tiegelwandungen Störungen des Kristallgitters und der Reinheit.
3. Das senkrechte tiegelfreie Zonenschmelzen verbindet zwar in gewissem Sinne die Vorteile der beiden ersten Verfahren, jedoch ist man hinsichtlich Stabdurchmesser und Zonenlänge Einschränkungen unterworfen.

Zersetzliche Verbindungen (z. B. ternäre Chalkogenide) werden nach dem Zweitemperaturverfahren gezüchtet, wobei die Ampullenwandungen oberhalb der Kondensationstemperatur der leichterflüchtigen Komponente gehalten werden.

Eine grundsätzliche Schwierigkeit für die Kristallzüchtung liegt im Wesen des Kristallisationsprozesses begründet: Kristallwachstum kann prinzipiell nicht im Gleichgewicht erfolgen, vielmehr sind stets zum Teil beträchtliche Überschreitungen erforderlich, damit es zu einer Substanzanlagerung an einem vorgegebenen Kristall kommen kann.

Die Forderungen der Halbleitertechnik in bezug auf den Reinheitsgrad der verwendeten Elemente übertreffen alle bisherigen Anschauungen und Begriffe auf diesem Gebiet der Chemie, und der Reinheitsgrad eines Halbleitermaterials kann im allgemeinen nicht mehr mit chemischen Methoden allein bestimmt werden, da die geringe Konzentration der Fremdstoffe keinen exakten Nachweis mehr zuläßt. Die Analyse von Halbleitermaterialien wird außerdem durch die stete Einschleppungsmöglichkeit von Elementen hoher Allgegenwartskonzentration gegenüber den klassischen und analytischen Arbeitsmethoden sehr erschwert. Zur quantitativen Spurenbestimmung in Halbleitermaterialien werden neben den rein physikalischen Meßmethoden primär die Anreicherungsverfahren (Extraktion, Chromatographie, Spurenfänger) von Bedeutung sein. Der endgültige Nachweis erfolgt dann mit den bekannten Methoden, wie Spektralanalyse, Spektralphotometrie, Massenspektrographie. Eine erhebliche Rolle spielt die Aktivierungsanalyse.

Bei der Analyse „halbleiterreiner“ Stoffe versagen alle herkömmlichen Analysenmethoden mit Ausnahme vielleicht der Massenspektroskopie und der Aktivierungsanalyse, die in gewissen Grenzen noch anwendbar sind. Die Beimengungen in einem Halbleiter haben aber einen äußerst starken Einfluß auf die verschiedensten physikalischen Prozesse — sonst würde die Reinheitsforderung ja nicht so extrem gestellt.

Nun kann man bekanntlich allgemein zur Bestimmung physikalischer Größen prinzipiell alle Effekte heranziehen, auf die die zu bestimmende Größe einen Einfluß hat. Man sucht sich in der Praxis allerdings zweckmäßigerweise solche Effekte aus, die am leichtesten meßbar sind und die geringste Kenntnis anderer schwer bestimmbarer Parameter voraussetzt. Außerdem ist erforderlich, daß für die gewünschte Genauigkeit der Bestimmung einer physikalischen Größe die anderen den Effekt beeinflussenden Parameter hinreichend genau bekannt bzw. hinreichend genau meßbar sind. Bei der Analyse von Halbleitern werden Effekte gemessen, die den physikalischen Prozessen im Halbleiterbauelement nahekommen. Es werden also weniger mechanische Größen gemessen als vielmehr elektrische, optische und magnetische bzw. eine beliebige Kombination dieser drei Untersuchungsmethoden angewendet.

Auf die Wirkungsweise eines Halbleiterbauelements haben einen direkten Einfluß nur ionisierbare Störstellen. Ist der Grad der Ionisierung bei gegebener Temperatur bekannt, so kann man mit Hilfe einer einzigen Messung des HALL-Effekts die Konzentration der Verunreinigung bzw. Beimengung bestimmen. Am leichtesten ist die Konzentration meßbar, wenn die Messung bei Temperaturen durchgeführt wird, bei der die Störstellen vollkommen ionisiert sind. Bei Zimmertemperatur ist das im Germaniumgitter nur bei Elementen der III. und V. Gruppe des periodischen Systems der Fall, die eine genügend kleine Ionisierungsenergie erfordern. Aber auch dabei wird beim gleichzeitigen Vorhandensein von Beimengungen dieser beider Gruppen nur der Überschuß einer Sorte ermittelt. Will man genau die Gesamtkonzentration der Beimengungen messen, so sind Messungen bei tiefsten Temperaturen erforderlich.

Aus der Temperaturabhängigkeit des HALL-Effekts kann man auch die Ionisierungsenergie der Störstellen bestimmen. Der zu untersuchende Temperaturbereich hängt dabei natürlich von der Größe der Ionisierungs-

Tabelle 10

Gruppe	Stoff	$\Delta E_{300^\circ K}$ [eV]	Hauptsächl. Verwendungszweck
IV	Si	1,12	Dioden, Transistoren Photoelemente
	Ge	0,67	Dioden, Transistoren, Photodioden
	SiC	2,8	Varistoren
III–V	InSb	0,18	HALL-Bauelemente Photowiderstände (Halbleiter)-Injektionslaser
	InAs	0,28	HALL-Bauelemente
	GaAs	1,35	Tunneldioden (Halbleiter) – Injektionslaser
	GaP	2,4	(Halbleiter) – Injektionslaser
II–VI	CdS	2,4	Photowiderstände, Photoelemente
	ZnO	3,2	Photowiderstände
VI	Se	1,8	Photoelemente, Gleichrichter
I–VI	Cu_2O	~2	Dioden
IV–VI	PbS	0,3	Photowiderstände

energie ab. Man kann also mit Hilfe des HALL-Effekts, bei bekannten Ionisierungsenergien der einzelnen Elemente in dem betreffenden Halbleiter, prinzipiell eine Analyse nach Menge und Art der Beimengung durchführen. In der Praxis ist diese Analyse nach *Störstellensorte* allerdings mit größeren Schwierigkeiten verbunden, weil ein Halbleiter im allgemeinen nicht nur eine Sorte von Verunreinigungen enthält.

Die *Konzentrationsanalyse* mit Hilfe des HALL-Effekts ist aber überaus empfindlich. Im Germanium lassen sich z. B. Beimengungen in Konzentrationen von $< 10^{12}$ cm^{-3} bestimmen, d. h., auf mehr als 10^{10} Ge-Atome kommt nur ein Fremdatom. Das entspricht einer Reinheit bezüglich dieser Beimengung von $>$ 99,99999999 (10 Neuner).

Die Konzentration der Fremdatome im Halbleiter läßt sich bei bekannter Beweglichkeit der Ladungsträger auch durch Messung der elektrischen

Leitfähigkeit bestimmen. Da aber die Beweglichkeit ihrerseits durch die Beimengungen beeinflußt wird, ist diese Methode komplizierter.

Die *Beweglichkeit* der Majoritätsträger als weiteres Reinheitscharakteristikum läßt sich durch gemeinsame Messung der elektrischen Leitfähigkeit und des HALL-Effekts bestimmen. Die Beweglichkeit ist aber nur verhältnismäßig schwach von der Konzentration der Beimengungen abhängig.

Bei den bisher beschriebenen Analysenmethoden bleibt der Halbleiter im thermodynamischen Gleichgewicht, d. h., die Konzentration der Ladungsträger ist bei gegebener Temperatur nur durch thermische Anregung bedingt.

Durch optische Ionisierung von Störstellen bzw. optische Anregung gittereigener Atome können jedoch erhebliche Abweichungen vom Gleichgewicht erreicht werden, d. h. zusätzliche Konzentrationen von Ladungsträgern eines oder beider Vorzeichen erzeugt werden. Solche Abweichungen können auch durch Injektion über eine „Barriere" (z. B. einen *p*-*n*-Übergang) entstehen.

Solche elektronischen Nichtgleichgewichtsprozesse liegen der Mehrzahl der Halbleiterbauelemente zugrunde. Sie können verwendet werden, um Rückschlüsse auf die Reinheit eines Halbleiter zu ziehen.

Man kann so durch Messung der Spektralabhängigkeit der optischen Durchlässigkeit oder der Photoleitfähigkeit im Gebiet der Störstellenabsorption die Ionisierungsenergie von Störstellen bestimmen und dadurch auf die Störstellenart schließen.

Ein weiteres wichtiges Maß für die Reinheit halbleitender Kristalle ist die Lebensdauer von Nichtgleichgewichtsladungsträgern. Sie wird unter günstigen Bedingungen, ähnlich wie oben bezüglich der Lebensdauer des angeregten Zustandes bei der Lumineszenz gesagt, nur durch die Konzentration der Rekombinationszentren, die thermische Geschwindigkeit der Elektronen und den Einfangquerschnitt des Zentrums für die Ladungsträger bedingt. Das heißt, daß man bei bekanntem Einfangquerschnitt durch Messung der Lebensdauer die Konzentration der Einfangzentren bestimmen kann oder bei bekannter Konzentration (bekannt z. B. durch HALL-Effektmessung) den Einfangquerschnitt. Beimengungen, die Einfangzentren mit großem Einfangquerschnitt bilden, beeinflussen also schon in geringsten Konzentrationen die Lebensdauer wesentlich. Wir zeigen dies am Beispiel Germanium: Die Lebensdauer der Minoritätsträger im reinsten Germanium beträgt $\tau \sim 10^{-3}$ sec. Die größten bekannten Einfangquerschnitte liegen in der Größenordnung von $S \sim 10^{-13}$ cm^2 (etwa für Ni-Atome). Bei einer mittleren thermischen Geschwindigkeit der Elektronen von $v \sim 10^7$ cm sec^{-1} erniedrigt also schon eine Konzentration von $N \sim 10^{11}$ Atome cm^{-3} die Lebensdauer auf $\tau \sim 10^{-5}$ sec, d. h. um zwei Größenordnungen.

Andere Elemente haben selbst kaum einen Einfluß auf die Lebensdauer, da ihre Einfangquerschnitte zu klein sind. Die Restkonzentration von Elementen mit großem Einfangquerschnitt bestimmt daher immer die Lebensdauer. So haben z. B. die typischen Dotierungselemente für Germanium wie Al, B, In, Sb, As sehr kleine Einfangquerschnitte. Mit anderen Worten, die Lebensdauermessung ermöglicht eine Analyse nur bezüglich derjenigen Beimengungen, die Einfangzentren mit großem Einfangquerschnitt bilden. Dann ist aber die Lebensdauermessung die empfindlichste Analysenmethode überhaupt.

Lebensdauern werden entweder direkt durch nichtstationäre Messung der Konzentrationsänderung von Nichtgleichgewichtsträgern als Funktion der Zeit bestimmt oder indirekt stationär durch Bestimmung der Diffusionslänge. Für beide Typen von Messungen gibt es eine große Zahl von Methoden, die alle mehr oder weniger kompliziert in der Interpretation bezüglich der charakteristischen Zeiten von elektrischen Nichtgleichgewichtsprozessen in Halbleitern sind.

Ein weiteres Reinheitsmerkmal des Halbleiters ist die Beweglichkeit der zusätzlich erzeugten Ladungsträger, die sich im Prinzip von der Beweglichkeit der Gleichgewichtsladungsträger unterscheiden kann. Sie wird im allgemeinen als Driftbeweglichkeit aus Laufzeitmessungen von Ladungsträgern in einem an den Halbleiter angelegten elektrischen Feld ermittelt. Die Beweglichkeit ist aber bei weitem nicht so empfindlich bezüglich der Fremdbeimengungen wie die Lebensdauer.

4. Laser

Die noch in voller Entwicklung begriffene Forschung auf dem Gebiet der Laser hat gezeigt, daß sich zahlreiche Festkörper- und Gassysteme (Tab. 11) zu einer induzierten Emission anregen lassen. Die Eigenschaften der Laser werden, ganz ähnlich wie bei Halbleitermaterialien, nicht nur durch die Anwesenheit von Fremdstoffspuren beeinflußt, sondern in hohem Maße von der örtlichen Verteilung des Dotierungsmaterials und von Störungen im Gitter der Grundsubstanz.

Während die Kristallzüchtung, z. B. die Herstellung langer Rubin-Einkristallstäbe, aus diesem Forschungsgebiet starke Impulse erhalten hat, wurden bisher spezielle analytische Untersuchungen nur ganz vereinzelt

Tabelle 11

Eigenschaften von Lasersubstanzen

Material*	Anregungsgebiet (nm)	Laser-emission (nm)	Höchste Betriebs-tempe-ratur [°K]	Schwel-lenwert [W/cm²]
$Al_2O_3:Cr^{3+}$ (0,05)	370-600	694,3	350	700
$Al_2O_3:Cr^{3+}$ (0,5)	370-600	700,9	77	300
$CaF_2:U^{3+}$ (0,05)	800-950	2560,0	280	10-50
$CaF_2:Sm^{2+}$ (0,05)	300-630	708,5	40	20
$CaF_2:Nd^{3+}$ (0,1)	560-580; 700-800	1046,8	77	40
$BaF_2:U^{3+}$ (0,1)	550-890	2600,0	280	10-50
$BaF_2:Sm^{2+}$ (0,05)	300–630	708,0	40	20
$SrF_2:Sm^{2+}$	300-630	708,0	40	20
$SrF_2:Nd^{3+}$	580	1060,0	77	40
$CaWO_4:Pr^{3+}$ (0,1)	450–490	1046,8	100	10
$CaWO_4:Nd^{3+}$ (0,1)	460-580; 700-800	1063,0	300	1
$CaWO_4:Tm^{3+}$ (0,5)	460-480; 1700-1800	1911,0	77	60
$CaWO_4:Ho^{3+}$ (0,5)	440-460	2046,0	77	150
$SrMoO_4:Nd^{3+}$ (0,5)	560-580; 700-800	1063,4	280	8
GaAs		840	300	
Ga(As,P)	-	650-840	100	
InP	-	910	120	
InAs	-	3100	77	
Ba-Kronglas:Nd^{3+}	560-580	1060,0	300	
Ne-He-Hg	-	632,8		

* Prozentangaben für den Aktivatorgehalt in Klammern.

bekannt (z. B. E. M. Dodson, 1962). Offensichtlich entsprechen die Reinheitsanforderungen, die an Lasersubstanzen gestellt werden, den für Halbleitermaterialien erreichbaren Werten.

Literatur

[1] DODSON, E. M., Analysis of ruby and sapphire maser crystalls. Analyt. Chem. **34** (1962) 966–971.

[2] DÜRING, W. und KUNZE, H., Bestimmung von Barium und Strontium in Verdampfungsprodukten von Oxidkathoden durch Papierchromatographie. Z. analyt. Chem. **162** (1958) 345–356.

[3] ENGELHARDT, H., Wege und Grenzen neuer Verfahren der physikalischen Gasanalyse. VDI-Z. **103** (1961) 1393–1404.

[4] FOLBERT, O. G., Zur Technologie der Halbleiter. Z. Metkde. **49** (1958) 570 bis 575.

[5] GASTINGER, E., Chemische Probleme in der Halbleitertechnik, I und II. Österr. Chem. Ztg. **59** (1958) 44–40 und 70–77.

[6] GOLLING, E., Spektralanalytische Untersuchungen der Ausgangssubstanzen für halbleitende $A^{III}B^{V}$-Verbindungen. Z. Naturf. **11a** (1956) 459–463.

[7] IWANTSCHEFF, G., Probleme der Herstellung von Festkörpern hohen Reinheitsgrades, insbesondere in der Halbleitertechnik. Z. Elektrochem. **63** (1959) 876–882.

[8] KIENITZ, H., Moderne physikalische Methoden der Analyse. Chem. -Ing. Techn. **32** (1960) 641–650.

[9] KOCH, O. G., Beiträge zur Spurenanalyse, IV. Zur Spurenanalyse von Reinstselen. Mikrochim. Acta (1958) S. 402–405.

[10] MACKINTOSH, W. D., Use of neutron activation analysis for determining effectiveness of zone-refining techniques in the purfication of aluminium. Anal. Chem. **32** (1960) 1772–1775.

[11] MEINKE, W. W., Trace-element sensitivity: Comparasion of activation analysis with other methods. Science **121** (1960) 177–184.

[12] MODREANU, F., Papierchromatographische Strontium- und Bariumbestimmung. Naturwiss. **45** (1958) 310.

[13] NACHTRIEB, N. H., Principles and practice of spectrochemical analysis. New York 1950.

[14] ORGAN, T. J. und PARSONS, S. L., A method of spectrographic analysis of impurities in materials for oxide coating of thermonic cathodes. J. opt. Soc. Amer. **38** (1948) 191–195.

[15] SMIT, W. M., Purity determination by thermal analysis. Z. Elektrochem. **66** (1962) 779–787.

[16] SPECKER, H. und HARTKAMP, H., Chemische Vorbereitungen zur spektrochemischen und photochemischen Spurenanalyse in Metallen und Erzen. Z. Erzbergbau u. Metallhüttenwesen **10** (1957) 1–6. Aufgaben und Methoden der Spurenanreicherung. Angew. Chem. **67** (1955) 173–178.

[17] URECH, P., Beitrag zum Problem der Spurenanalyse. Mitt. Gebiete Lebensmittelunters. Hyg. [Bern] **49** (1958) 442–447.

[18] WILLIAMS, A. I., The determination of trace impurities in high-purity selenium. J. Soc. Analyt. Chem. **86** (1961) 172–177.

Werkstoffe für die Elektrotechnik

Erweiterter Vortrag vor der Klasse für Mathematik, Physik und Technik am 13. Juni 1963

Von

R. Bernst, P. Fuchs, P. Görlich, H. Karras, W. Meinel, K. Töpfer und W. Wrede

Sich mit dem Thema „spezielle elektrotechnische Werkstoffe" zu befassen, heißt, die Ergebnisse der modernen Festkörperforschung auszunutzen. Zweifelsohne hätte vor etwa einem Vierteljahrhundert dieser Satz, der die Beziehung zwischen Werkstoffen der Elektrotechnik und Festkörperphysik andeutet, eine andere Formulierung erfahren müssen: Um spezielle elektrotechnische Werkstoffe zu schaffen, muß man zunächst die Festkörperforschung fördern. Man braucht nur an die Entwicklung des Transistors zu denken, um die angedeutete Wechselbeziehung zu verstehen. Die Physik, die mit der Entwicklung des Transistors verbunden ist, beinhaltet die weitgehende Untersuchung des Siliciums und des Germaniums, also zweier Elementhalbleiter, die zweifellos als spezielle elektrotechnische Werkstoffe bezeichnet werden können. Beide Elementhalbleiter sind heute wohl von allen Halbleitern am besten durchforscht, d. h., man kennt ihre Eigenschaften, ihr physikalisches Verhalten fast lückenlos. Wie aus den vorhergehenden Ausführungen[1]) zu entnehmen ist, sind in diesem Zusammenhange neue Begriffe geprägt worden, etwa der der „Halbleiterreinheit", durch den eine ganz neue Untersuchungsmethodik charakterisiert wird bzw. erarbeitet wurde. Eng mit dem Begriff der Halbleiterreinheit ist die Fortentwicklung von Einkristallzüchtungsmethoden für eine Reihe von Halbleitersubstanzen verknüpft, weil man annehmen darf, daß im Einkristall „vereinfachte Versuchsbedingungen" vorliegen. Von reinsten Einkristallen ausgehend versucht man durch Dotierungen dem Halbleitermaterial veränderte, voraus bestimmbare und gewünschte optische und elektrische Eigenschaften aufzuzwingen.

Nehmen wir Abstand davon, zu wiederholen, was bereits über die Bandstruktur von Halbleitern zur Erklärung der elektrischen und optischen Erscheinungen einschließlich der Lumineszenz, über die Elementhalbleiter Si und Ge und über die $A_{III}B_V$-Verbindungen in den erwähnten Ausführun-

---

[1]) Ausführungen von R. Rompe vor der Klasse am 6. und 20. 12. 1962.

gen[1]) gesagt worden ist und greifen wir weitere Probleme, die zur Thematik gehören, heraus.

A. Halbleiterwerkstoffe

Wir erinnern uns zum Zwecke eines besseren Verständnisses an das Halbleiterbandschema. Wir wollen dann von einem Photoeffekt sprechen, wenn die Anregung von Elektronen bzw. Defektelektronen in einem Halbleiter entweder im Valenzband oder im Störniveau oder in beiden zugleich durch eingestrahlte Photonen geschieht. Von Photoleitung oder vom Entstehen einer Photo-EMK spricht man, wenn sich das Anregungsgeschehen innerhalb der Bänder oder an der Grenze zweier Halbleiter abspielt, von Photoemission hingegen, wenn Photoelektronen den Halbleiter verlassen und ins angrenzende Vakuum oder in einen Gasraum eintreten. Photoelektronische Bauelemente, in denen der Photoeffekt in irgendeiner Art ausgenutzt wird, spielen in der Technik, vor allem im Gerätebau, der Meßtechnik und der Automatisierung [1], eine bevorzugte Rolle neben HALL-Generatoren, Tunneldioden, Kühlzellen und anderen Halbleiterbauelementen. Den entsprechenden, zur Herstellung benötigten Werkstoffen muß daher in bezug auf ihre Beschaffenheit eine ebenso bevorzugte Aufmerksamkeit gewidmet werden [2], [3], [4].

Kadmiumsulfid findet Verwendung für Photowiderstände, Leuchtstoffe und Bildverstärker. Während für den ersten Verwendungszweck vorwiegend Präparate verwendet werden, die über die Gasphase aus den Elementen Kadmium und Schwefel oder Schwefelwasserstoff hergestellt sind, gewinnt man Kadmiumsulfid für Leuchtstoffe und Bildverstärker meistens aus einer Kadmiumsalzlösung durch Fällung mit sulfidionenliefernden Substanzen. Beide Verfahren haben gewisse Vor- und Nachteile. Das über die Gasphase gewonnene Kadmiumsulfid ist frei von Lösungsmitteleinschlüssen und möglicherweise adsorbierten Fremdionen, die bei der Fällung aus der Lösung immer vorhanden sind. Im Gegensatz jedoch zum gefällten Kadmiumsulfid schwankt die Größe der einzelnen entstandenen Partikelchen wesentlich stärker, was wiederum dieses Produkt für die Herstellung von Leuchtstoffen weniger geeignet erscheinen läßt. Bei der Darstellung von Kadmiumsulfid in großen Mengen ist das nasse chemische Verfahren einfacher durchführbar als die Synthese aus der Gasphase. Für Photowiderstände ist es notwendig, sehr reines Kadmiumsulfid zu verwenden. Aus der Literatur ist ersichtlich, daß von dem Element Eisen höchstens 1 Atom auf 10^6 Kadmiumatome vorhanden sein darf. Andererseits ist bekannt, daß

---

[1]) Siehe Fußnote auf Seite 43.

die Photoleitfähigkeit durch die Gegenwart bestimmter „Aktivatoren" stark beeinflußt werden kann. Als solche kommen beispielsweise die Elemente Kupfer, Silber, Gallium und Chlor in Frage [2].

Kadmiumselenid wird ebenfalls für die Herstellung von Photowiderständen verwendet. Das Maximum der spektralen Verteilung eines undotierten Kadmiumselenidphotowiderstandes liegt bei ~ 720 nm. Es ist also gegenüber dem eines undotierten Kadmiumsulfidphotowiderstandes um ca. 200 nm nach größeren Wellenlängen verschoben. Man ist leicht in der Lage, diese Substanz aus den Elementen analog dem Kadmiumsulfid zu synthetisieren.

Die drei Verbindungen PbS, PbSe und PbTe sind vornehmlich als Infrarotempfänger verwendbar, wobei die spektrale Empfindlichkeit bis ~ 4 μm für Bleisulfid, 4,2 μm für Bleiselenid und bis zu 6 μm für Bleitellurid ausgedehnt werden kann. Es ist dazu allerdings notwendig, die aus den genannten Substanzen hergestellten Photowiderstände so stark als möglich zu kühlen (am besten mit flüssigem Wasserstoff), da dadurch die spektrale Empfindlichkeit nach größeren Wellenlängen verschoben und das Signal-Rausch-Verhältnis günstiger gestaltet wird. Die Herstellung dieser Substanzen kann auf verschiedenen Wegen durchgeführt werden. Der einfachste Weg ist die Synthese aus den Elementen, die jedoch für diesen Zweck in ausreichender Reinheit zur Verfügung stehen müssen. Darüberhinaus ist noch die Darstellung auf naßchemischem Wege durch Fällung aus der Lösung, sowohl aus saurem als auch alkalischem Milieu, möglich. Allerdings wendet man die Fällung aus saurer Lösung für Bleiselenid und -tellurid in der Praxis nach Möglichkeit nicht an, weil in diesen Fällen mit den sehr giftigen Gasen Selen- und Tellurwasserstoff gearbeitet werden muß. Die Fällung aus alkalischem Medium ist bisher auch nur für Bleisulfid und -selenid beschrieben worden. Man geht dabei so vor, daß man eine Natriumplumbitlösung mit einer sulfid- bzw. selenidionenliefernden Substanz umsetzt. Als letztere kommen Thio- und Selenharnstoff in Frage. Selenharnstoff wird jedoch nicht fabrikationsmäßig hergestellt. Wahrscheinlich existiert Tellurharnstoff noch nicht, so daß bisher keine entsprechenden Versuche zur Herstellung von PbTe durchgeführt werden konnten. Der Vorteil der Fällung aus alkalischem Milieu liegt darin, daß im Gegensatz zur Abscheidung aus saurer Lösung die Niederschlagsbildung langsam vonstatten geht. Bringt man geeignete Schichtträger in die Reaktionslösung, so scheidet sich das Sulfid bzw. Selenid in Form eines Spiegels ab, der bei entsprechender Nachbehandlung mit Sauerstoff photoleitend wird. Der Prozeß ist technologisch einfacher durchzuführen als das Aufdampfverfahren im Vakuum.

Indiumantimonid ist infolge des relativ geringen Bandabstandes von 0,2 eV besonders für Infrarotdetektoren geeignet. Die Absorptionskante liegt bei 7,4 µm. Im Gegensatz zu den Bleisalzdetektoren wandert das Empfindlichkeitsmaximum mit steigender Temperatur nach größeren Wellenlängen, z. B. befindet es sich bei 90 °K bei 5,6 µm und bei 292 °K bei 6,7 µm. Für Photowiderstände werden bevorzugt Einkristallscheiben verwendet. Die Empfänger werden wie konventionelle Photowiderstände aufgebaut oder so, daß sie einen p-n-Übergang zur Erzeugung einer Photo-EMK oder den photoelektromagnetischen Effekt ausnutzen. Indiumantimonid ist aber nicht nur ein ausgezeichneter Werkstoff für Infrarotdetektoren im langwelligen Gebiet, sondern darüber hinaus auch für Transistoren, Dioden, Tunneldioden und Hall-Generatoren. Hall-Generatoren aus aufgedampften Indiumantimonidschichten lassen sich besonders klein und dünn herstellen, wodurch sie gut zur Messung der Magnetfelder in sehr schmalen Luftspalten eingesetzt werden können. Sie zeichnen sich außerdem durch besonders geringes Rauschen im NF-Gebiet aus.

Zur technischen Ausnutzung des Hall-Effektes muß der Werkstoff vornehmlich drei wichtigen Bedingungen genügen:

1. Die Hall-Konstante des verwendeten Werkstoffes muß groß sein.
2. Zur Leistungsentnahme muß der spezifische Widerstand des Materials klein sein.
3. Die Meßtechnik verlangt weitgehend temperaturunabhängige Bauelemente, d. h. Hall-Konstante und spezifischer Widerstand müssen kleine Temperaturkoeffizienten besitzen.

Die Bedingungen 1 und 2 werden am besten von Materialien mit kleiner Ladungsträgerkonzentration und hoher Ladungsträgerbeweglichkeit erfüllt. Daher kommen nur Halbleiter mit hohem Reinheitsgrad in Frage. Nun weist zwar Indiumantimonid eine hohe Trägerbeweglichkeit auf, aber anderseits einen relativ großen Temperaturkoeffizienten des spezifischen Widerstandes und der Trägerbeweglichkeiten, so daß in vielen Fällen der Halbleiter Indiumarsenid und auch Indiumarsenidphosphid trotz kleinerer Trägerbeweglichkeit wegen der sehr geringen Temperaturabhängigkeit, die nur 1/10—1/20 der des Indiumantimonids beträgt, für meßtechnische Bauelemente bevorzugt wird..

Die Hall-Generatoren haben in der Technik ein weites Anwendungsgebiet gefunden, z. B. als Magnetfeld-Meßsonde zur Stabilisierung von Magnetfeldern, als Modulator und Multiplikator in der analogen Rechentechnik u. a.

Gallium-Arsenid wird neben Germanium und Silicium bereits heute für die Herstellung von Dioden, Transistoren und Hall-Generatoren technisch genutzt. Auch für Sonnenbatterien läßt es sich vorteilhaft verwenden. In einigen Jahren, wenn die Reinigung des Materials exakt beherrscht werden wird, werden diese Halbleiterbauelemente ihrer guten elektrischen und physikalischen Eigenschaften wegen einen besonderen Platz einnehmen. Man rechnet damit, daß in Zukunft $\sim 15\%$ aller Halbleiterbauelemente aus Gallium-Arsenid hergestellt werden.

Ebenfalls wegen der Möglichkeit, hohe Betriebstemperaturen anwenden zu können, wird Siliciumkarbid extremer Reinheit für Halbleiterbauelemente Bedeutung erlangen. Die ersten Transistoren aus diesem Material konnten noch bei einer Temperatur von 350 °C als betriebssicher bezeichnet werden. Vermutlich wird ein Hauptanwendungszweck die Mikro-Modultechnik und die Technik der Molekularelektronik (kleinste Dimensionen und große Packungsdichten) werden. Allerdings bereitet die Reinigung des Ausgangsmaterials wegen der dabei notwendigen hohen Temperaturen heute noch erhebliche Schwierigkeiten.

Wismutselenid, Wismutsulfid und Antimontellurid, Blei-Antimon-Tellur- und Zink-Kadmium-Antimon-Verbindungen sowie Wismut-Tellur-Verbindungen erlangen nach entsprechender Dotierung Eigenschaften, die sie für die Verwendung als Kühlzellenmaterial geeignet machen. Die wichtigsten notwendigen Eigenschaften sind die folgenden:

1. Die Thermokraft α soll möglichst groß sein,
2. der spezifische Widerstand muß zur Vermeidung größerer Erwärmung durch Aufheizung klein sein,
3. die spezifische Wärmeleitfähigkeit soll klein sein, damit der Wärmeübergang zwischen kalter und heißer Seite klein bleibt.

Thermoelektrische Kühler, in Kaskaden aufgebaut, eignen sich nach dem jetzigen technischen Stande besonders zur Kühlung von Halbleiterbauelementen, von Infrarotdetektoren, von Sekundärelektronenvervielfachern und von Lasern. Mit Kaskadenkühlern können Temperaturen bis ~ -120 °C erreicht werden.

Samariumsulfid und Cersulfid dürften zur direkten Umwandlung von thermischer Energie in Elektroenergie unter Ausnutzung des SEEBECK-Effektes Anwendung finden können. Beide Verbindungen besitzen eine sehr gute Temperaturstabilität bis ~ 1100 °C.

Selen wird für die Herstellung von Gleichrichtern, Selenphotoelementen und von Legierungen, die unter Ausnutzung des PELTIER-Effektes in der Kältetechnik benötigt werden, verwendet. Gewöhnliches Industrie-Selen enthält nach spektralanalytischen Untersuchungen ~ 17 Fremdelemente, unter denen sich meistens die Elemente Arsen und Quecksilber befinden.

Letztere Fremdbeimengungen sind für die Funktion der Photoelemente besonders schädlich. Der Einfluß der übrigen Verunreinigungen ist in den meisten Fällen noch unbekannt. Man weiß nur, daß Arsen und Phosphor kristallisationshemmend wirken, während Alkalimetalle, Indium, Thallium, Halogene, Tellur, organische Basen (Chinoline, Phenylhydrazin u. a.), Sulfid- und Selenidionen die Überführung des Selens in die kristalline Form begünstigen.

Die drei Elemente Cs, Sb und Ag kommen ebenfalls zur Bildung von Halbleitern zum Einsatz und zwar insonderheit für die Herstellung von Photokathoden für Photovervielfacher, Bildwandler und Photozellen. Die Eigenschaften der bisher serienmäßig hergestellten Photokathoden zeigen die Beispiele der Tabelle 1.

Tabelle 1

Typ	Spektrale Empfindlichkeit bis	Langwelliges Maximum	Empfindlichkeit bei einer Farbtemperatur von 2850 °K
Silber-Cäsiumoxyd	1300 nm	800 nm	10-25 μA/lm
Cäsium-Antimon (Cs_3Sb)	700 nm	440 nm	40-70 μA/lm
Bi-Ag-Cs_2O	720 nm	450-500 nm	25-40 μA/lm
Sb-Cs-K-Na (Multialkali)	900 nm	400 nm	100-200 μA/lm

Während Antimon und Silber mit hinreichender Reinheit bezogen werden können, wird das benötigte Cs meist durch thermische Zersetzung des Cäsiumazids dargestellt.

Tabelle 2 soll einen groben Überblick über die Anwendung der Halbleiterwerkstoffe für elektronische Zwecke vermitteln.

B. Lasermaterial

Erst seit 1958 werden die Bedingungen untersucht, unter denen die Ausdehnung des Maserprinzips in den sichtbaren und ultraroten Spektralbereich möglich ist.

In ein Gast-Kristall-Gitter werden Fremdatome, Aktivatoren, eingebaut. Die Aktivatoren werden durch Absorption von Lichtquanten diskreter Frequenzen angeregt, d. h. die Besetzungsdichte des Energieniveaus ent-

Tabelle 2

Halbleitermaterialien für techn. Anwendung

Halbleitermaterial	Foto-dioden	Foto-wider-stände	Foto-element	Dioden	Transistor	Hall-generator	Tunnel-dioden	Thermo-elektr. Solar-zellen	Kühl-zellen
Germanium	×	×		×	×		×		
Silicium	×		×	×	×		×	×	
Siliciumkarbid				×	×			×	
Kadmiumsulfid		×							
Kadmiumsulfoselenid		×							
Kadmiumselenid									
Bleisulfid									×
Bleiselenid									×
Bleitellurid									
Indiumantimonid				×	×	×	×		
Selen			×	×					
Indiumarsenidphosphid							×		
Indiumarsenid							×		
Galliumarsenid				×	×	×	×	×	
Quecksilberselenid							×		
Quecksilbertellurid							×		
Indiumphosphid				×	×				
Samariumsulfid								×	
Cersulfid								×	
Wismutselenid									×
Wismutsulfid									×
Antimontellurid									×
Wismuttellurid									×
Blei–Antimon–Tellur									×
Zink–Kadmium–Antimon									×

spricht danach nicht mehr der Boltzmannschen Verteilung im thermischen Gleichgewicht,

$$\frac{N_2}{N_1} = e^{-\frac{h\nu}{kT}}. \tag{1}$$

Durch genügend starke Einstrahlung kann man beispielsweise erreichen, daß die Besetzungsdichte N_2 größer wird als N_1. Es existieren in diesem Falle zwei Möglichkeiten, die den Aktivator wieder zum thermischen Gleichgewicht bringen:

1. Die spontane Emission, die wir unter der Bezeichnung „Fluoreszenz" kennen und die die Energie nach den Regeln der Wahrscheinlichkeit spontan als Lichtquant abgibt und
2. die induzierte Emission, die ein Lichtquant beim Übergang vom höheren zum niederen Energieniveau gleichphasig an das Strahlungsfeld und nur unter Einwirkung dieses Feldes abgibt.

Das Verhältnis S von induzierter zu spontaner Emission muß groß sein. Unter Einfluß eines Lichtstromes I_ν ist

$$S = I_\nu \frac{c^2}{2\,\nu^3\,h} \tag{2}$$

(I_ν = Leistung pro cm², Frequenzintervall und Raumwinkeleinheit).

Für die Lasertätigkeit werden in einem geeigneten aktivierten Kristall in der Regel 3 bzw. 4 Niveaus ausgenutzt. Das Vierniveau-System besteht aus dem Grundzustand 0, einem angeregten Zustand 3, der zur optischen Anregung geeignet ist, einem metastabilen Niveau 2, von dem die Emission ausgeht und dem Endzustand 1 des fluoreszierenden Übergangs. Während man die Besetzung des Grundzustandes als nahezu ungeändert ansehen kann, denn zu einer bestimmten Zeit befindet sich nur ein geringer Bruchteil aller Ionen im angeregten Zustand, ist der Endzustand 1 praktisch leer, was man durch hinreichend tiefe Temperaturen immer erreichen kann. Durch optische Einstrahlung werden die Atome auf das Niveau 3 gebracht, das hier der Einfachheit halber als diskret angenommen wurde und alle zur optischen Anregung brauchbaren Niveaus andeuten soll. Dieses Niveau entleert sich sehr schnell nach 2. Durch induzierte Emission gibt dieses Niveau seine Energie als kohärente Strahlung an das Feld ab, wobei zunächst das Niveau 1 angereichert wird. Die Energiedifferenz zwischen Niveau 1 und 0 liegt bei mehreren hundert Wellenzahlen, wodurch eine rasche strahlungslose Entleerung des Niveaus 1 gewährleistet ist.

Um Oszillation zu erreichen, muß man das Lasermaterial in einem geeigneten Resonator einsetzen. Bei den meisten bekannten Festkörperlasern sind die Laserkristalle selbst als Resonanzkörper ausgebildet, in der Regel als FABRY-PEROT-Interferometer. Die induzierte Emission muß nun nicht nur alle Verluste im Laser decken, sondern einen Überschuß an Strahlungsenergie erzeugen.

Neben den Beugungs- und Reflexionsverlusten, die von den geometrischen Eigenschaften und der Güte der Spiegelflächen abhängig sind, gehen die inneren Verluste des aktiven Materials stark in die Gesamtverlustrate ein. Zu den inneren Verlusten zählen Streuverluste der Kristalle, die bei normaler visueller Untersuchung völlig einwandfrei erscheinen können, Absorptionsverluste am Kristall, Verunreinigungen usw. Alle Bemühungen müssen deshalb auf besonders verlustfreies Lasermaterial und auf einwandfreie Bearbeitung der Perot-Fabrys gerichtet sein, was man auch sofort einsieht, wenn man daran denkt, daß ein Lichtquant in der Regel 10^2 Durchläufe durch den Kristall machen muß, ehe es durch eine teilweise durchlässige Spiegelschicht den Kristall verlassen kann.

Die kurze Erläuterung des Laserphänomens läßt uns die Forderungen, die an das Lasermaterial zu stellen sind, erkennen. Wir wollen dabei die notwendige Güte der bearbeiteten Oberflächen und der Verspiegelung in diesem Rahmen nicht diskutieren. Die einschlägige Literatur, die im allgemeinen noch nicht zusammengefaßt zu finden ist, ist wesentlich Einzelliteratur [5]–[28a].

An Forderungen für das Lasermaterial ergeben sich:

a) Die Linienbreite der Fluoreszenz soll möglichst klein sein.

b) Der Endzustand der Fluoreszenz soll bei der Betriebstemperatur leer sein, d. h. $N_1 \ll N_2 \ll N_0$.

c) Es soll ein möglichst breites Absorptionsband zur optischen Anregung zur Verfügung stehen.

d) Die Quantenausbeute soll möglichst nahe an 1 liegen.

e) Nur einwandfreie Einkristalle ohne Kristallversetzung können als Lasermaterial verwendet werden.

f) Das Material muß homogen sein, d. h., die Konzentration des Aktivators muß im ganzen Kristall gleich sein.

g) Es dürfen keine Fremdkörpereinschlüsse und Verunreinigungen vorhanden sein.

h) Spannungen führen zu einer Linienverbreiterung und sind deshalb schädlich.

Tabelle 3. **Lasermaterialien**

	Material	Dotierung	%	Wellenlänge (A°)	Anregung	Anregungsgebiet [A°]	Endniveau [cm^{-1}]	Lichtquelle Betr.art	Betriebstemperat. (K°)
1	Al_2O_3	Cr^{3+}	0,05	6943	150 Ws	3700 – 6000	Grundzust.	Xenon puls., kont.	300
2	Al_2O_3	Cr^{3+}	0,5 – 0,7	7009 – 41		3700 – 6000	40, 100	puls.	77
3	CaF_2	U^{3+}	0,05	25000	3,8; 1200	800 – 9500			
						12000 – 13000	515	Xenon puls., kont.	300
4	CaF_2	Sm^{2+}	0,05	7000	300 Ws	3000 – 6300	263	Xenon puls., kont.	40
5	CaF_2	Eu^{3+}							
6	CaF_2	Er^{3+}							
7	CaF_2	Dy^{2+}	0,02 – 05	23600	20 Ws	3000 – 10000	90	Xenon puls., kont.	77
			0,05						
8	CaF_2	Yb^{3+}							
9	CaF_2	Nd^{3+}		10460	80 Ws	7000 – 8000	2000	Xenon puls.	77
						5600 – 5800			
10	CaF_2	Tm^{2+}	0,05	12070	50 Ws	2000 – 6000	556	Xenon puls.	4,2
11	BaF_2	U^{3+}	0,05	26000	12 Ws	– 26000	107	puls.	20
12	SrF_2	U^{3+}		24070	38 Ws	4000 – 6000	334	puls.	90
13	$CaWO_4$	Tm^{3+}	0,5	19110	125 Ws	17000 – 18000			
						4600 – 4800	325	Xenon puls.	77
14	$CaWO_4$	Ho^{3+}	0,5	20460	300 Ws	4400 – 4600	230	puls.	77
15	$CaWO_4$	Nd^{3+}		10630		7000 – 8000	2000	puls. kont.	77; 300
						4600 – 5800			
16	$CaWO_4$	Er^{3+}	1 + 1% Li	16120	800 Ws	3800 – 5200	375	Xenon puls.	77
17	$CaWO_4$	Pr^{3+}		10468		4500 – 4900	377		77
18	$BrMO_4$	Nd^{3+}		10643	42; 125	7000 – 8000	2000		
						5600 – 5800		puls., kont.	77; 300
19	SrF_2	Tm^{2+}							
20	SrF_2	Sm^{2+}							
21	Kronglas	Nd^{3+}		10600		5600 – 5800	2000		300
22	Gas-Laser			11800	40 W	40,7 MHz		kont.	300
				11530					
				11600					
				11990					

Es sind in den letzten Jahren und Monaten eine ganze Reihe von verstärkenden Materialien bekannt geworden, unter denen der Rubinlaser an erster Stelle steht. Um Kristalle mit den geforderten Eigenschaften zu bekommen, sind spezielle Herstellungsverfahren entwickelt worden. Das VERNEUILLE-Verfahren wird im allgemeinen als ungenügend angesehen. Selbst bei den Verfahren, die homogenere und spannungsfreiere Kristalle der benötigten Größe herzustellen gestatten, muß noch eine Auswahl der erzeugten Stücke erfolgen. Ebenso wird ein Tempern vor der Oberflächenbearbeitung für zweckmäßig gehalten, um die noch vorhandenen Spannungen im Kristall weiter herabzusetzen. Auch für das Schleifen und Polieren der Laserkristalle wurden neue Verfahren entwickelt, da alle konventionellen Methoden für Laserresonatoren nicht ausreichend sind.

Zwei verschieden starke Dotierungen mit Cr^{3+}-Ionen im Al_2O_3 haben bisher zur Lasertätigkeit geführt. Mit 0,05 Mol.% Cr^{3+}-Ionen, also schwach dotierte Kristalle, lassen sich schon bei Raumtemperatur betreiben. Aber auch mit 0,5% dotiertes Material konnte bei 77 °K zum Lasern gebracht werden.

Auch die Ionen der Seltenen Erden eignen sich hervorragend als Aktivatoren in den Gastkristallen CaF_2, $CaWO_4$, $SrMoO_4$, SrF_2 und BaF_2. Unter den Ionen der Aktiniden-Gruppe ist das U^{3+} besonders geeignet. Die vorstehende Tabelle 3 zeigt die bisher bekanntgewordenen Lasermaterialien mit den wichtigsten Eigenschaften. Da die Laserentwicklung noch am Anfang der Entwicklung steht, wird man noch mit einer wesentlichen Erweiterung dieser Tabelle in nächster Zukunft rechnen müssen.

C. Metallische Werkstoffe der Elektrotechnik

Es gibt kein Metall, welches nicht als reines Metall oder als Legierungsbestandteil zu den Werkstoffen der Elektrotechnik zählt. Die Forderungen der Elektrotechnik an die metallischen Werkstoffe sind sehr mannigfaltig, oft sogar entgegengesetzter Art und erzwingen vielfach Kompromißlösungen. Dementsprechend zahlreich sind auch die entwickelten Legierungen. Von wenigen „Universalwerkstoffen" kann nicht gesprochen werden, besonders nach der Vielzahl der in den letzten Jahrzehnten entwickelten Sonderlegierungen mit ganz speziellen, jeweils nur für wenige Anwendungsgebiete hochgezüchteten Eigenschaften. Bei der Fülle des Stoffes kann der Überblick über die metallischen Werkstoffe der Elektrotechnik ebenfalls nur unvollständig sein. In diesem Rahmen werden z. B. alle als Konstruktionswerkstoffe in der Elektrotechnik eingesetzten Metalle und

Legierungen (besonders das umfangreiche Gebiet der Stähle), die Röhren- und Getterwerkstoffe, die Einschmelzlegierungen, die Lotwerkstoffe u.a. nicht behandelt.

Der besseren Übersicht wegen seien die Metalle und Legierungen in Werkstoffgruppen eingeteilt:

1. Leiterwerkstoffe
2. Widerstandswerkstoffe
3. Kontaktwerkstoffe
4. Hartmagnetische Werkstoffe
5. Weichmagnetische Werkstoffe
6. Werkstoffe für Bimetalle
7. Werkstoffe für Thermoelemente
8. Magnetostriktionswerkstoffe
9. Sondermetalle.

1. Leiterwerkstoffe

Auf dem Gebiet der Leiterwerkstoffe ist das allgemeine Bestreben, Kupfer durch Aluminium zu ersetzen, immer mehr zu spüren, obwohl dieses Bestreben in den einzelnen Ländern entsprechend der Rohstoffvorkommen und Importmöglichkeiten noch unterschiedlich stark entwickelt ist. Die VR Ungarn gibt hierfür ein überzeugendes Beispiel; sie liegt im Absolut-Verbrauch und besonders im Pro-Kopf-Verbrauch von Al in der Elektroindustrie mit an der Spitze in der Welt. Vorwiegende Anwendungsgebiete sind dort die Kabel-, Elektromotoren- und Transformationsindustrie [29].

Als Beispiel für den Einsatz von Al-Werkstoffen im Freileitungsnetz seien die wachsenden Anteile der Al-Leiterwerkstoffe (besonders der Al-Stahlseile) bei Freileitungen von 30 kV und darüber in der DBR genannt [30]:

1938 – 36%
1953 – 58,4%
1956 – 65,2%
1960 – 75,8%.

Rein-Al liegt mit seiner Leitfähigkeit bei etwa 60% der Leitfähigkeit von reinem Cu, weist aber sehr geringe Festigkeitswerte auf. Die Entwicklung beschäftigt sich deshalb mit dem Legieren des Al, um Festigkeitssteigerungen zu erzielen, ohne jedoch die elektrische Leitfähigkeit wesentlich zu vermindern. Dafür werden in vielen Patenten Vorschläge gemacht, z. B. solche, dem Rein-Al 0,05...0,3% Mg und 0,01...0,05% B oder 0,4% Si, 1,0% Zn und 0,3% Fe zuzusetzen [31].

2. *Widerstandswerkstoffe*

Im Gegensatz zu den Leiterwerkstoffen ist die Zahl der in der Praxis eingesetzten Widerstandswerkstoffe wesentlich größer und zwingt uns daher, in diesem Rahmen nur die wichtigsten Legierungen für die verschiedenen Anwendungszwecke aufzuzählen.

Die bekanntesten Heizleiterlegierungen für Anwendungstemperaturen bis zu ~ 1200 °C sind die austenitischen Ni-Cr- und Fe-Ni-Cr-Legierungen, Ni Cr 80 20, Ni Cr 60 15, Ni Cr 30 20 und Cr Ni 25 20 sowie die ferritischen Fe-Cr-Al-Legierungen Cr Al 85, Cr Al 20 5 und Cr Al 30 5. Durch geringe Zusätze von Erdalkali- und seltenen Erdmetallen (Ca, Ce, Th u. a.) konnte eine beträchtliche Steigerung der Zunderbeständigkeit erreicht werden, die eine vorzügliche Bewährung der nickelfreien Legierungen (Nickel = Sparmetall!) in der Praxis zur Folge hatte. Für noch höhere Temperaturen kommen Pt, Pt-Rh-Legierungen, Siliciumkarbid, Graphit, Kohle und Oxidgemische in Frage.

Hochohmige Widerstände, wie sie die Nachrichtentechnik benötigt, werden hauptsächlich aus den eisenhaltigen Legierungen Ni Cr 60 15, Ni Cr 30 20 und Cr Al 20 5 gefertigt.

Für Vorschaltwiderstände werden neben Konstantan (Cu Ni 44), Nickelin (Cu Ni 30 Mn) und hochnickellegierten Cr–Ni–Fe-Legierungen (Ni Cr 30 20, Cr Ni 25 20) auch die nickelfreien Eisenlegierungen (Cr Si 18 3,5 und Cr Al 20 5) mit Erfolg eingesetzt. In neuester Zeit werden für technische Widerstände (Regelwiderstände) auch Ag–Mn-Legierungen (etwa 80% Ag) mit Sn- und teils Ge-Zusatz benutzt [32].

Als Widerstandswerkstoffe für Potentiometer haben sich in der Praxis in sehr breitem Umfang das Potentiometer-Konstantan und für Feinpotentiometer die Potentiometergoldlegierung PA 74 mit 70% Au und Zusätzen von Ag und geringen Mengen von Unedelmetallen, besonders zur Festigkeitssteigerung, eingeführt. Als Werkstoff für das Abgreiforgan soll das gleiche Material in etwas weicherem Zustand, aus dem auch die Wicklung besteht, verwendet werden.

Mit den Heißleitern, die bei höheren Temperaturen wesentlich besser leiten als im kalten Zustand — der Widerstand kann auf 1/1500 bis 1/2000 seines Wertes bei Raumtemperatur sinken — lassen sich größere Widerstandsänderungen als mit den Metallwiderständen erzielen. Als Heißleiterwerkstoffe kommen Oxide verschiedenwertiger Metalle (Uran-Dioxid, Mg-Ti-Oxidspinell) und oxydische Mischkristalle in Betracht. Für die Heißleiter sind folgende Anwendungsgebiete zu nennen: Temperaturmessung und -regelung, Verstärkungs- und Leistungsregelung, Leistungsmessung, veränderbare Widerstände, Verzögerung von Schaltvorgängen und Dämpfen von Einschaltströmen.

Die Präzisionswiderstände stellen an den Widerstandswerkstoff ganz besonders hohe Anforderungen, die sich nicht nur auf den Werkstoff selbst, sondern auch auf dessen Behandlung beziehen. Am bekanntesten sind die Präzisionswiderstände auf Cu-Mn-Basis, Manganin (86% Cu, 12% Mn, 2% Ni), Novokonstant (82,5% Cu, 12% Mn, 1,5% Fe, 4% Al) und die Widerstandslegierung 306, eine zinnhaltige Kupfer-Mn-Legierung. Auch Quecksilberwiderstände haben als Normalwiderstände eine gewisse Bedeutung erlangt. Neuerdings wird Nimonic 80 A (73,17% Ni, 19,40% Cr, 2,52% Ti, 1,33% Al, 1,13% Co, 0,74% Si, 0,62% Fe, 0,22% Mn, 0,10% C) nach einem Lösungsglühen bei 1150 °C mit anschließender Wärmebehandlung von 2 Stunden bei 550 °C für Präzisionswiderstände empfohlen. Nimonic 80 A ist hochbelastbar und weist gegenüber Manganin eine höhere Zugfestigkeit und den dreifachen spezifischen Widerstand auf. Zwischen 0 und 100 °C ist über lange Zeiten die Reproduzierbarkeit der Widerstandswerte gewährleistet.

3. Kontaktwerkstoffe

Die sehr mannigfaltigen Forderungen, die an die physikalischen, chemischen, mechanischen und elektrisch-technologischen Eigenschaften von Kontaktwerkstoffen gestellt werden, ließen eine Vielzahl derartiger Werkstoffe entstehen, angefangen von den reinen Metallen über die Legierungen bis zu den Verbundwerkstoffen. Neue Impulse hat die Entwicklung mit dem Einsatz der höchstschmelzenden Metalle und der Pulvermetallurgie erhalten, die erst die Herstellung der Verbundwerkstoffe, bestehend aus den Kombinationen Metall-Metall, Metall-Metall-Metall, Metall-Metallverbindung (Borid, Karbid, Nitrid, Oxid, Silizid), Metall-Metalloid (Graphit) u. a. ermöglichte.

In der Schwachstromtechnik werden Edelmetalle als Kontaktwerkstoffe bevorzugt. Für geringe Beanspruchungen eignen sich neben Goldlegierungen besonders Platin, gegebenenfalls mit Ir, Ru-Ni legiert oder Pd mit Cu, Ag und Ru gehärtet, weil diese Metalle frei von oxidischen bzw. sulfidischen Filmen bleiben und den niedrigen Kontaktwiderstand behalten [33].

Für Kontakte mittlerer Leistung gelangen neben Cu und Cu-Legierungen (Leitbronze mit 2···6% Ag und 0···2% Cd, Messing, Bronze) vorwiegend Silber und Silberlegierungen (Ag–Cu, Ag–Pd, Ag–Pt, Ag–Cd, Ag–CdO, Ag–Cr_2O_3) seltener Au–Ag-, Pd–Cu-, Pt–Ir- und Pt–Ru-Legierungen zur Anwendung. Die mangelnde chemische Beständigkeit des Silbers in schwefelhaltiger Atmosphäre und die geringe mechanische Abriebfestigkeit führten zur Entwicklung zahlreicher Silberlegierungen

Kontakte höchster Leistung fordern Werkstoffe, deren Schmelzpunkt, Siedepunkt und Dampfdruck ein Maximum aufweisen. Für solche Kontakte eignen sich W und Mo sowie die pulvermetallurgisch erzeugten Verbundwerkstoffe aus schmelztechnisch nicht legierbaren Metallen wie Cu–W, Ag–Ni, Si–W, Si–Mo und Ag–W.

Der Gefahr des Verschweißens kann durch Zusatz von feindispersem Oxid begegnet werden. Ausgehend von dieser Erkenntnis ist der Werkstoff Ag–CdO und in der SU der Kontaktwerkstoff COM 8 auf Basis Ag–CuO entwickelt worden [38].

Die Eigenschaften werden nicht unbedeutend von der Herstellungstechnologie beeinflußt. Es muß beachtet werden, ob z. B. der Werkstoff Ag–CdO als Sinterwerkstoff oder durch Glühen der Ag–Cd-Legierung in oxydierender Atmosphäre oder ob die W–Ag–Ni-Kontakte als Sinter- oder Tränkwerkstoffe hergestellt worden sind. Die W–Ag-Sinterkontakte sind den Ag-getränkten W-Kontakten in bezug auf Abbrandfestigkeit und Widerstandserhöhung deutlich unterlegen.

Rhenium weist als Kontaktmaterial bevorzugte Eigenschaften auf, der hohe Preis verhinderte jedoch bisher eine Einführung im technischen Maßstab.

Auf dem Gebiet der Schleif- und Gleitkontakte wird der Naturgraphit immer häufiger von den Sinterwerkstoffen, deren eine Komponente ein Metall (Cu, Ag) und die andere Komponente Graphit ist, verdrängt.

Vakuum- und Schutzgaskontakte sind die sicherste Lösung, den Übergangswiderstand konstant und niedrig zu halten.

Als schnellschaltendes Bauelement hat der magnetische Kontakt, Reed-Relais, Bedeutung erlangt [39]. Als Kontaktmaterial der Zungen wird Ni–Fe (50/50) angegeben. Auf sehr kurze Impulse (wenige hundert Mikrosekunden) reagiert die aus einem Ferrit und Reed-Kontakt bestehende als „Ferreed“ bezeichnete Kombination.

Die gesinterten Kontaktwerkstoffe, die eine Kombination von Komponenten mit extrem unterschiedlichen Eigenschaften ermöglichen, versprechen für die Zukunft noch einen beachtlichen technischen Fortschritt [37].

4. *Hartmagnetische Werkstoffe*

Die Dauermagnetwerkstoffe haben schon eine stürmische Entwicklung hinter sich (Abb. 1, [40]).

Nicht nur die Zahl der Dauermagnetwerkstoffe ist stark angestiegen, sondern, verglichen mit den alten Kohlenstoffstahlmagneten, konnte mit den modernen Dauermagnetwerkstoffen eine Gütesteigerung um nahezu zwei Zehnerpotenzen erzielt werden. Diese Feststellung stellt einen wesentlichen Zug der Entwicklungsrichtung auf dem Gebiete der Dauermagnetwerkstoffe dar. Zur Zeit liegen die Spitzenwerte für die Alnico-Legierungen bei 12×10^6 G $\times$ Oe, für Co–Pt auf Überstrukturbasis bei 9×10^6 G$\times$Oe und für die Fe–Co–V–-Legierungen bei 7×10^6 G $\times$ Oe. Die Fe–Co–V–-Legierungen haben auf dem Sektor der walzbaren Dauermagnetwerkstoffe die Cu–Ni–Fe- und Cu–Ni–Co-Legierungen weitgehendst abgelöst. Die Pulvermagnete gewinnen zunehmend an Bedeutung. Dauermagnetwerkstoffe auf Ferrit- oder Oxidbasis finden nicht so sehr wegen hoher $(BH)_{max}$-Werte sondern vielmehr aus wirtschaftlichen Gründen Interesse [40].

Die Deutung der Dauermagneteigenschaften und demzufolge die moderne Entwicklung dieser Werkstoffe basiert heute im wesentlichen auf zwei Anisotropieenergien — Kristallenergie und Formanisotropie. Als Werkstoff mit besonders großer Kristallanisotropie, die bei genügend kleiner Teilchengröße (Einbereichteilchen) gute Dauermagneteigenschaften verspricht, haben sich hexagonal kristallisierende Stoffe, wie die Bariumferrite und die intermetallische Verbindung MnBi, erwiesen. Für die MnBi-Verbindungen werden in der Literatur die höchsten Koerzitivkräfte von 7000 Oe bis zu 12000 Oe angegeben [41], [42].

Die Richtung der Magnetisierung im Elementarbereich wird bei formanisotropen Stoffen durch eine von der Kugelform abweichende Gestalt der Elementarbereiche festgelegt. Bei überwiegender Formanisotropie stimmt die Magnetisierungsrichtung mit der Größenabmessung des Elementarbereiches überein. Dauermagnetwerkstoffe mit starker Formanisotropie, zu denen die Alnico-Magnete und die Pulver-Magnete auf Fe- und Fe–Co-Basis zählen, bestehen aus kleinen Einbereichteilchen mit nadelförmiger Gestalt.

Die Feinstteilchen dürfen nur beschränkt dicht gepackt sein und müssen durch Poren oder un- bzw. schwachmagnetische Phasenbestandteile voneinander getrennt sein, weil sich sonst bei Annäherung der Teilchen infolge der magnetischen Wechselwirkung Blochwände ausbilden müssen und die Grundvoraussetzung der Feinstteilchen-Theorie nicht erfüllt ist. Der theoretisch höchst erreichbare Gütewert $(BH)_{max}$ für Feinstteilchendauermagnete mit Formanisotropie wurde für die zur Zeit die höchste Sättigungsmagnetisierung besitzende Fe-Co-Legierung mit 40% Co bei einem optimalen Packungsfaktor von 0,67 zu 50 × 10^6 G × Oe errechnet [40]. Bisher konnten jedoch nur etwa 10% des theoretischen Wertes erreicht werden. Das Einhalten der theoretischen Bedingungen in der Praxis ist sehr schwierig. Die Pulverkörner oder Phasenbestandteile müssen nicht nur die für Elementarbereichteilchen kritische Größe besitzen, sondern sie müssen auch diese Größe alle mit einer ausreichend kleinen Streuung aufweisen. Zu große Teilchen geben Anlaß zum Mehr-Elementarbereichver-

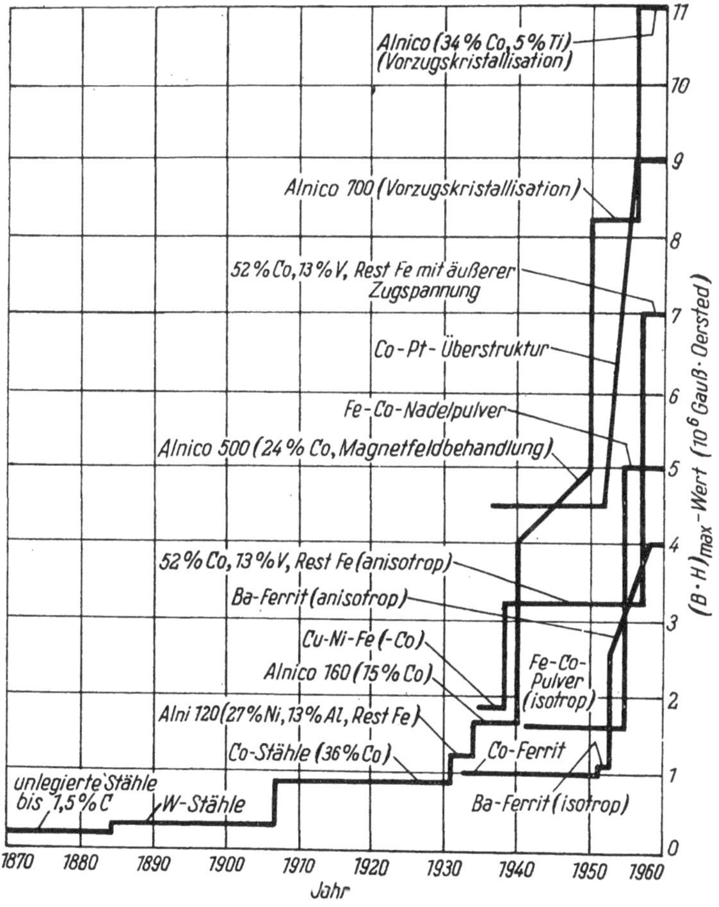

Abb. 1. Zunahme der $(BH)_{max}$-Werte von Dauermagneten seit 1870

halten und zu kleine Teilchen zum „Superparamagnetismus". In beiden Fällen sinkt die Koerzitivkraft. Die kritische Teilchengröße für metallische Werkstoffe liegt in der Größenordnung von wenigen 100 Å. Metallische Pulver in dieser Größe sind pyrophor, und eine Handhabung dieser Pulver ist sehr schwer.

Es bestehen offensichtlich keine Bedenken, daß die nach exakten Theorien ermittelten optimalen Dauermagneteigenschaften erreicht werden können, so daß die in Abb. 1 dargestellte Entwicklungstendenz noch fortsetzbar zu sein scheint.

Die Barium-Ferrit-Magnete, bestehend aus Bariumkarbonat und Fe_2O_3, sind wirtschaftlich sehr interessant geworden. Wegen ihrer starken Sprödigkeit bahnt sich ein vielversprechender Einsatz von Magnetgummi an, wobei dem Gummi Barium-Ferrit-Pulver zugemischt wird.

Der Einsatz magnetischer Werkstoffe unter energiereicher Strahlung wird immer häufiger, so daß der Einfluß von Bestrahlung auf die Eigenschaften der Werkstoffe berücksichtigt werden muß. Z. B. erleiden Alnico-Legierungen bei einer Bestrahlung bis $\sim 5 \times 10^{20}$ n/cm² nur geringe Änderungen. Cunico 1 (50% Cu, 21% Ni, 29% Co) ändert sich um weniger als −10%. Bestrahlungsdichten unter 3×10^{17} n/cm² riefen bei keinem der untersuchten nickelhaltigen Dauermagnetwerkstoffe eine Änderung hervor [43].

5. Weichmagnetische Werkstoffe

Ist die Entwicklung auf dem Gebiet der magnetisch weichen Werkstoffe auch nicht so stürmisch wie auf dem Gebiet der Dauermagnete vorangegangen, so kann doch eine stetige, durch Theorie und Systematik getragene Entwicklung beobachtet werden. Die für die jeweiligen Anforderungen sich im Laufe der Zeit bewährten Legierungen sind in nachfolgender schematischer Übersicht wiedergegeben.

In der Starkstromtechnik erstrebt der Transformatorenbau eine hohe Sättigung (kann jedoch durch Legierungszusätze bei den ferromagnetischen Elementen nur in bescheidenen Grenzen erhöht werden), eine hohe Maximalpermeabilität, eine niedrige Koerzitivkraft und geringe Hysterese- und Wirbelstromverluste. Die Tendenz, vom warmgewalzten Transformatorenblech zum kaltgewalzten mit Textur überzugehen, ist überall aktuell. Die neuzeitliche Entwicklung beschäftigt sich mit der Herstellung der sogenannten „Würfellage" ((100) ‖ Walzebene, [100] ‖ Walzrichtung), da bei der Goss-Textur die (110)-Ebene in der Walzebene liegt und die Bleche quer zur Walzebene weit schwerer magnetisierbar sind als längs. Ein Übergang auf

Ferrite scheidet wegen ihrer viel zu geringen Sättigungsinduktion für niederfrequente Leistungsübertragung grundsätzlich aus [44]—[46].

Für Relaiswerkstoffe stellt die Koerzitivkraft die maßgebliche Größe dar. Je empfindlicher ein Relais sein soll, desto niedriger muß die Koerzitivkraft des Ankerwerkstoffes gewählt werden.

Für die Werkstoffe der Schwachstromtechnik gesellt sich zu der Forderung der hohen Anfangspermeabilität noch der Wunsch nach Konstanz der Permeabilität im Bereich kleiner Felder. Theoretisch ist ein Maximum der Permeabilität und Minimum der Koerzitivkraft zu erwarten, wenn sowohl Kristallenergie wie Magnetostriktion gleich Null sind (z. B. System

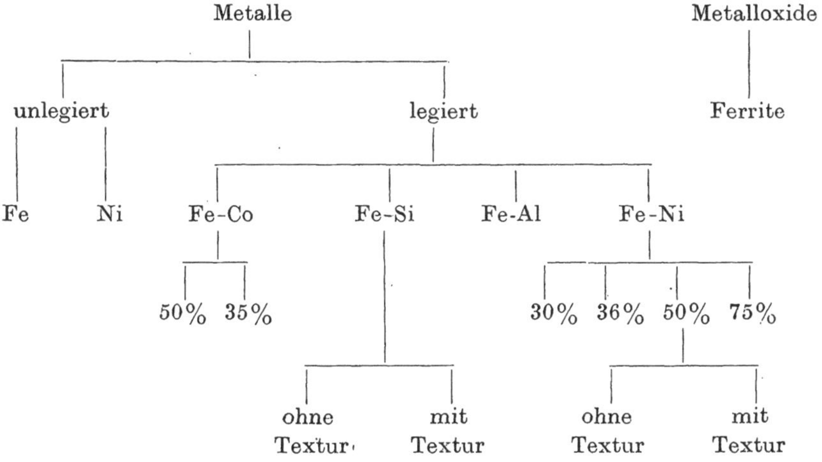

Fe–Si–Al bei 9,6% Si und 5,5% Al). Durch kleine Kristallenergie und kleine Magnetostriktion zeichnen sich besonders die FeNi-Legierungen des Permalloy-Gebietes aus. Die Kristallenergie geht bei 76% Ni und die Magnetostriktion für polykristalline Proben bei etwa 81% Ni durch Null. In der Technik verwendet man heute außer den binären Fe–Ni-Legierungen mit 36 und 50% Ni (Hyperm 36 und 50), die eigentlichen Permalloy-Legierungen mit 70...80% Ni und meist noch Zusätzen von Cu, Cr und Mo. Unter besonderen Bedingungen ist es gelungen, eine unter Supermalloy bekannte Legierung mit Anfangs- und Maximalpermeabilitäten von 10^5 bzw. $1{,}8 \times 10^6$ G/Oe zu erreichen [46a].

Die Isoperme, Werkstoffe mit einer schrägen Hystereseschleife (Ausscheidungs-Isoperm Fe–Ni–Cu, Textur Isoperm Fe–Ni-Legierung mit 50...60% Ni) sind in der technischen Verwendung heute wohl ganz durch die Massekerne, in Kunstharz feinverteiltes zusammengepreßtes Eisenpulver, und vor allem durch die Ferrite, die beide wirtschaftlicher herzustellen sind als die Isoperme, verdrängt worden [41].

Durch einen hohen Reinheitsgrad der Schmelze, durch eine Glühbehandlung bei hohen Temperaturen im reinen Wasserstoff und durch eine Anlaßbehandlung zwischen 400 und 600 °C konnte an handelsüblichen weichmagnetischen Legierungen auf Ni–Fe-Basis eine beachtliche Erhöhung der Anfangs- und Maximalpermeabilität erzielt werden, obwohl es schien, als sei nach dem 2. Weltkrieg die Entwicklung auf diesem Gebiet als abgeschlossen zu betrachten. Anfangspermeabilitäten von 50000 bis 100000 und Maximalpermeabilitäten bis zu 10^6 G/Oe sind seit neuester Zeit erreichbar, jedoch sind diese Sonderbehandlungen an handelsüblichen Legierungen mit Preissteigerungen verbunden, die nur für Sonderzwecke gerechtfertigt sein dürften [47].

Durch besonders sorgfältige Reinigung gelang es, die Maximalpermeabilität des Eisens auf $1{,}45 \times 10^6$ G/Oe zu steigern. Man kann schmelzflüssig sehr reines Eisen herstellen und im Wachsausschmelzverfahren vergießen [48].

Die Entwicklung ist bei weitem noch nicht abgeschlossen. Neben der Verbesserung der Technologien für die vorhandenen Werkstoffe können beim systematischen Suchen nach Mehrstoffsystemen mit kleiner Kristallenergie und kleiner Magnetostriktion zweifellos noch eine Fülle wertvoller Werkstoffe gefunden werden. Vielleicht bringen auch Versuche mit Neutronenbestrahlung, die beispielsweise bei Fe–Ni-Legierungen eine gerichtete Nahordnung und damit eine einachsige Anisotropie hervorruft, neue Erkenntnisse und Möglichkeiten [49].

Weichmagnetische Gußlegierungen, insbesondere die Fe–C-Legierungen, werden in der Elektrotechnik vorzugsweise für komplizierte Formteile verwendet. Sind ihre magnetischen Eigenschaften meist auch etwas schlechter als die der entsprechenden Walz- und Schmiedequalitäten, so kann dieser Nachteil bei Massenteilen oft durch leichtere und damit wirtschaftlichere Formgebung ausgewogen werden.

Als weichmagnetische Gußwerkstoffe kommen Reineisenguß (bis 0,05% C), Stahlguß (0,05···2% C), Temperguß (1,5···3,2% C) und Gußeisen mit lamellarer und sphärolitischer Graphitausbildung (2,8···4% C) in Frage. Die besten magnetischen Eigenschaften der aufgezählten Werkstoffe weist der Reineisenguß auf, jedoch die schlechte Vergießbarkeit und starke Neigung zum Schmieren bei der spanabhebenden Bearbeitung infolge der geringen Härte ($HB = 85\cdots100$ kp/mm²) läßt kaum eine Verwendung zu. Auch Stahlguß ist schlecht vergießbar und nicht leicht zu verarbeiten. Temperguß und besonders Gußeisen sind gut gieß- und zerspanbar. Besonders vorteilhaft ist Gußeisen mit Kugelgraphit, welches neben der guten Gieß- und Zerspanbarkeit des normalen Gußeisens dem Stahlguß ähnliche Festigkeitseigenschaften aufweist. Die magnetischen Eigenschaften von Kugelgraphitguß sind denjenigen von Stahlguß, schwarzem Temperguß und Gußeisen mit Lamellengraphit überlegen. Für ferritisches Gußeisen mit Kugelgraphit werden folgende magnetische Daten genannt:

Koerzitivkraft 1···2 Oe,
Anfangspermeabilität 300···500 G/Oe,
Maximalpermeabilität etwa 2000 Oe,
Sättigungsmagnetisierung 17000···18000 G,
spezifischer elektrischer Widerstand 0,50···0,70 Ohm × mm²/m.

6. Werkstoffe für Bimetalle

Die an Umfang und Thematik zunehmende Automatisierung verlangt nach speziellen Werkstoffen für die Regel- und Meßtechnik. In diesem Rahmen sollen nur die Werkstoffe für Thermo-Bimetalle und Thermoelemente herausgegriffen werden, weil damit die interessantesten und der Festkörperforschung am nächsten liegenden Probleme gestreift werden.

Die üblichen genormten Thermo-Bimetalle liegen in ihrer spezifischen Ausbiegung zwischen 9,7 und 15,5 $\times$ 10^{-6} grad^{-1} mit einem Linearitätsbereich von −20···200 bis 380 °C. Bei maximal 450 °C ist die Grenze der Anwendung erreicht. Als Passivkomponente mit geringem Wärmeausdehnungskoeffizienten (*AK*) wird meist Invar benutzt. Die Verwendung von Fe–Pt-Legierungen mit negativem Ausdehnungskoeffizienten (*AK*) ist wirtschaftlich kaum gerechtfertigt. Fe–Ni-42, Fe–Ni-46 und Kovar (27% Ni, 19% Co, 54% Fe) werden eingesetzt, um den Anwendungsbereich auf Temperaturen von 450···600 °C zu erweitern. Als Aktivkomponente mit großem thermischen AK gelangen vorwiegend Fe–Ni–Mn-Legierungen (NiMn 20 6, X 60 Ni Mn 14 6) und Messing zur Anwendung. Man kann bei Einsatz einer hochmanganhaltigen Aktivkomponente (74% Mn, 16% Ni, 19% Cu) die spezifische Ausbiegung um 30% auf etwa 20 $\times$ 10^{-6} grad^{-1} steigern.

Nur wenige Bimetalle sind über 400 °C verwendbar. Die Linearität der Ausbiegung läßt nach und es tritt eine erhöhte Korrosionsanfälligkeit ein. Überzüge konnten bisher nicht befriedigen und die Herstellung aus rostfreien Legierungen ist nicht ohne weiteres möglich [50]. Eine aus Frankreich stammende Neuentwicklung gestattet bei ausreichender Korrosionsbeständigkeit und linearer Ausbiegung eine Anwendung bis 600 °C. Als Passivkomponente werden eine Fe–Cr–Cu-Legierung genannt und als Aktivkomponente eine Fe–Ni–Cr-Legierung [50].

Für viele Verwendungszwecke der Thermo-Bimetalle wird ein möglichst niedriger spezifischer elektrischer Widerstand angestrebt, der durch Parallelschalten des Bimetalles mit einem gutem elektrischen Leiter (Cu, Ag) erreicht werden kann. Der spezifische elektrische Widerstand und die spezifische Ausbiegung der so entstehenden Trimetalle sind von der Schichtdicke der gutleitenden dritten Komponente und letzteres besonders noch von dem Aufbau des Trimetalles, nämlich ob sich die dritte Komponente zwischen Aktiv- und Passivkomponente oder außen befindet, abhängig. Für ein Invar-Fe Ni 20 6-Bimetall sind Cu-Schichten erfolgreich galvanisch (nur für dünne Schichten wirtschaftlich) und durch Walzen aufgebracht worden [51].

7. *Werkstoffe für Thermoelemente*

Der Schwerpunkt der Entwicklung auf dem Gebiet der Thermoelemente liegt bei den Paarungen für hohe und höchste Temperaturen. Es ist bei den hohen Temperaturen die Tendenz spürbar, statt der Strahlungspyrometer die zuverlässig arbeitenden Thermoelemente einzusetzen. Die Entwicklung wird jedoch durch das Fehlen geeigneter hochhitzebeständiger Isolier- und Schutzrohrwerkstoffe beeinträchtigt [52].

Den Einsatzbereich bis 1000 °C beherrschen die Paarungen Cu-Konstantan (max. 400 °C), Fe-Konstantan (max. 800 °C), NiCr–Ni und Chromel-Alumel. Die genannten Paarungen sind bei längerer Hochtemperaturbeanspruchung gegenüber Sauerstoff empfindlich. Die neuentwickelten, auf Edelmetallbasis aufgebauten Elemente Au 40 Pd–Pt 10 Rh (max. 1000 °C), AuPdPt–PtRh (max. 1300 °C) und AuPdPt–AuPd (max. 1300 °C) sind von diesem Nachteil frei.

Die dominierende Stellung der klassischen Pt–Pt 10 Rh-Paarung für Temperaturen zwischen 1000 und 1500 °C konnte nicht erschüttert werden, obwohl zahlreiche Verbesserungen und Neuentwicklungen keinen Stillstand zuließen. Die nachteiligen Eigenschaften des Pt–PtRh-Elementes wurden durch Einführung der PtRh–PtRh-Paarung beseitigt. Der Anfälligkeit des Platinschenkels zur Grobkornbildung und damit zum leichten Brechen wurde bei dem „Fibro-Platin-Thermodraht“ durch einen faserigen, gegen Kornwachstum unempfindlichen Gefügeaufbau begegnet. Die neuerdings gefertigten Mantel-Thermoelemente mit einem Durchmesser einschließlich Schutzrohr von nur 1,5 mm bestehen aus einem von isolierendem Oxid

(z. B. Al_2O_3) umgebenen in einem PtRh-Schutzrohr untergebrachten Pt-PtRh-Element. Wird das Schutzrohr gleichzeitig als Schenkel benutzt, so beträgt der Durchmesser des Elements nur 1 mm. Der Vorteil einer solchen Anordnung besteht in einer idealen Temperaturwechselbeständigkeit, kurzer Ansprechzeit und guter Biegsamkeit bei kleinem Querschnitt.

Beim Einsatz in Atomreaktoren muß wegen der mit der Strahleneinwirkung verbundenen Elementumwandlung rhodiumfreies Material verwendet werden, z. B. Pt-Pt5Mo, Pt-Pt5W, Re-W, WRe-W.

Das Pt-Pt10Rh-Element ist für eine Dauerbeanspruchung bei höheren Temperaturen nicht geeignet. Dafür werden laufend neue Paarungen auf der Basis der Platinmetalle Pt, Rh, Ir und ihrer Legierungen sowie der unedlen Metalle Re, W, Mo zur Erweiterung des bisher thermoelektrisch erfaßbaren Bereichs auf 2000 °C und darüber entwickelt:

a) PtRh-PtRh-Paare: Pt1Rh-Pt10Rh (Dauereinsatz bis 1600 °C), Pt5Rh-Pt20Rh (Dauermessung 1700 °C, Kurzzeitmessung 1800 °C), Pt20Rh-Pt40Rh (Dauermessung 1800 °C, Kurzzeitmessung 1850 °C),

b) Ir-IrRh-Paare: Ir-Ir40Rh, Ir-Ir50Rh (bis 2000 °C).

Die Einführung des Re in die thermoelektrische Meßtechnik gelang mit folgenden Paarungen für hohe Temperaturen:

Pt-Pt5Rh4, 5Re (Dauerbeanspruchung 1350 °C, Kurzzeitmessung bis 1600 °C), Rh-Pt8Re, Rh-Rh8Re (bis 1900 °C), Ir-Re30Ir (bis 2000 °C)[52] und Re-Mo (bis 2200 °C), Re-W (bis ~ 1760 °C), Re/Ir-Ir (bis 2000 °C), Re/rI-W (bis ~ 2500 °C), wobei jedoch nicht in oxydierender Atmosphäre gearbeitet werden kann [53].

Neben den Platinmetallen sind die hochhitzebeständigen Unedelmetalle (z. B. Ta, W, Mo) für thermoelektrische Hochtemperaturmessungen unter bestimmten Voraussetzungen geeignet (Schutzgasatmosphäre) und auch im Gebrauch. Vielversprechend ist die Kombination Ir-W (bis 2300 °C) W-Mo (bis 2500 °C in H_2-Atmosphäre oder inerter Atmosphäre); bei Messungen über 2000 °C wird das Problem des Schutzrohr- und Isoliermaterials kritisch.

Die in der Ultrarotmeßtechnik benutzten Thermoelemente sind heute noch im allgemeinen aus den klassischen Kombinationen Antimon und Wismut-Antimon-Legierung aufgebaut [54]. Der Grund hierfür liegt wohl im wesentlichen darin, daß bevorzugt zur Massenherstellung der Thermoelemente, die zu Thermosäulen zusammengesetzt werden, die Aufdampftechnik Benutzung findet.

8. *Magnetostriktionswerkstoffe*

Für die Umwandlung hochfrequenter elektrischer Schwingungen in Schwingungen des hörbaren und des Ultraschalls wird die Magnetostriktion ferromagnetischer Werkstoffe ausgenutzt. Als wichtigste Anwendungsgebiete seien die magnetostriktiven Schwinger für Echolote, Ultraschallreinigungsanlagen, Ultraschallbohrmaschinen, Schweiß- und Lötvorrichtungen und für elektromechanische Filter hervorgehoben [55].

Der klassische Magnetostriktionswerkstoff Nickel mit einer recht hohen Sättigungsmagnetostriktion (etwa -35×10^{-6} cm/cm) wurde wegen seines hohen Preises immer mehr durch die Eisen-Nickel- und Eisen-Aluminium-Legierungen ersetzt. Die Eisen-Aluminium-Legierung mit 12% Al erreicht ungefähr den Magnetostriktionswert des Reinnickels, bereitet aber Schwierigkeiten bei der Verarbeitung. Die Rohstoffknappheit während des letzten Weltkrieges veranlaßte Entwicklungsarbeiten in dieser Richtung, und es gelang, Legierungen mit 9···10% Al unter noch erträglichen Bedingungen zu Blechen mit großer Magnetostriktion und erheblichem elektrischen Widerstand auszuwalzen.

Wird besonderer Wert auf die Temperaturunabhängigkeit der Magnetostriktion gelegt, so ist trotz eines verhältnismäßig kleinen Absolutbetrages Invar zu empfehlen.

Die Ni–Co-Legierung mit 4% Co besitzt hervorragende dynamische Magnetostriktionskennwerte, insbesondere einen hohen elektromechanischen Kopplungskoeffizienten. Obwohl die Co–Fe-Legierung 50/50 die größte Längenmagnetostriktion aufweist, ist sie der Ni–Co-Legierung im Kopplungskoeffizienten unterlegen und auch relativ teuer.

Eine recht originelle Erzeugung pseudomagnetischer Schwingungen beschreibt Pawlek [48]. Setzt man einen Mischkörper aus Weichgummi und Eisenpulver einem Wechselfeld aus, so bewirkt das bei Stromdurchgang erzeugte magnetische Feld, daß sich die einzelnen durch Gummi isolierten Teilchen anziehen. Beim Verschwinden des magnetischen Feldes bringt der Weichgummi die Teilchen wieder in ihre alte Lage zurück.

9. *Sondermetalle*

Unter dem Begriff „Sondermetalle“ sollen hier die in der Literatur als „seltene Metalle“ oder als „weniger gebräuchliche Metalle“ bezeichneten Metalle in bezug auf ihre Anwendungsmöglichkeiten in der Elektrotechnik gestreift werden. Für viele dieser Metalle ergeben sich aus den laufend neuen Anwendungsmöglichkeiten Perspektiven, die in vielen Fällen zur Zeit noch nicht abgeschätzt werden können. Allerdings tritt dabei oft ein

Problem in den Vordergrund. Der Preis nämlich, der bei diesen Metallen zu einem Kompromiß mit den Vorteilen gegenüber anderen Werkstoffen zwingt, ist nicht nur von der Rohstofflage, dem Aufbereitungs- und Herstellungsaufwand sowie der Verformungsbedingung bei der Halbzeugfertigung abhängig, sondern wird nicht unwesentlich auch von der benötigten Menge des jeweiligen Materials bestimmt. Die Anwendungsmöglichkeiten dieser Metalle in der Elektrotechnik sind jedoch nicht immer für die Gesamtanwendung des Metalles bestimmend.

a) Leichtmetalle

Ti: In der Elektrotechnik hat das Titan bei weitem nicht die Verbreitung gefunden wie etwa in der chemischen Industrie. Als Anwendungsgebiete der Elektroindustrie werden Getter für die Radioindustrie, Gitter und Lotwerkstoffe genannt. Ti- und Zr-haltige metallische Schmelzflüsse benetzen im Hochvakuum keramische Massen. Ti–Zr reduzieren die keramischen Massen oberflächlich an und bewirken so eine feste Bindung. Verwendet werden Lotdraht aus der eutektischen Ag–Cu-Legierung mit einer Ti-Seele und Lötfolie (Mittelschicht aus Ag–Ti-Legierung zwischen 2 Cu-Schichten) hergestellt nach dem Plattierverfahren. Ag–Cu–Ti- und Ag–In–Ti-Legierungen sind für die Draht- und Bandherstellung zu spröde.

Be: Metallisches Be wird als Legierungselement für Lager, Federn und Kontakte eingesetzt. Große Bedeutung hat das BeO wegen seiner guten Wärmeleitfähigkeit, der niedrigen dielektrischen Verluste, der geringen elektrischen Leitfähigkeit, der großen Bruchfestigkeit und des hohen Schmelzpunktes für die Wärmeabführung in Halbleiterbauelementen, für Bauteile in Elektronenröhren, Scheiben für die Mikromodultechnik, Mikrowellenfenster und zur Isolation von Thermoelementen erlangt.

b) Hochschmelzende Metalle

W: W wird in der Elektrotechnik als licht- und emissionserzeugendes Bauelement, als Leuchtstoff (Wolframate), als Heizelement und Kontaktwerkstoff verwendet.

Mo: Mo wird in der Röhrenindustrie für Gitter- und Strebenbau, für Einschmelzlegierungen, in der Glühlampenindustrie als Halterdraht, für Magnetwerkstoffe, für Bauteile der Halbleiterfertigung, für Kontaktwerkstoffe und für Heizelemente (Mo-Disilizid) eingesetzt.

Ta: Ta gelangt in der Elektroindustrie als Heizelement in Vakuumöfen, als Kathoden- und Anodenwerkstoff und für Tantal-Kondensatoren zur Anwendung [55a]. Tantalkarbid für Glühlampenfäden führt zu einer 25% höheren Helligkeit bei doppelter Lebensdauer gegenüber W-Fäden.

Nb: Nb wird als Röhren- und Getterwerkstoff und für Hochleistungselektromagnete benötigt. Spulen aus Nb–Sn und Nb–Zr für supraleitende Elektromagnete können die Leistung und Stabilität der Linsen in Elektronenmikroskopen erheblich verbessern. Nb findet auch Anwendung in elektrolytischen Gleichrichtern und wegen seines hohen Schmelzpunktes (1950 °C) und seines mittleren Absorptionsquerschnittes für thermische Neutronen in der Kerntechnik.

c) Edelmetalle

Au: Au wird zum Vergolden (elektrolytisches Vergolden, Glanzvergolden, Goldplattieren) für Kontaktwerkstoffe und als Basismetall für die n-Dotierung der nicht duktilen Elemente Antimon und Arsen eingesetzt. Die automatische Goldplattierung auf gedruckten Schaltungen mit Goldauflagen von etwas über 3 μm dient zur Verbesserung der Leitfähigkeit und des Korrosionsschutzes für die Kontaktstellen.

Rh: Rh-Überzüge haben für Kontakte Bedeutung erlangt. Das sogenannte „Rhodexverfahren" ist in Anbetracht der guten Leitfähigkeit des Überzuges besonders für elektrische Kontakte ausgezeichnet geeignet (HV etwa 950 kp/mm^2). Für gedruckte Schaltungen ist Rh qualitativ besser als Au einsetzbar.

d) Sonstige Metalle

Re: Re kommt in der Elektrotechnik als Kontaktwerkstoff für Thermoelemente und für Überzüge in Betracht.

Zr: Für Zr können folgende Anwendungsgebiete in der Elektrotechnik genannt werden: Getter in der Röhrenindustrie, Blitzlicht und Getter in der Glühlampenindustrie, Ofenauskleidungen, Bauteile in Form von Blechen und Draht für Vakuumröhren, als Elektrode in Hg-Dampf und Fluoreszenzlampen.

Hf: Hf wird als Glühfaden, als Kathode in Röntgenröhren, legiert mit W oder Mo als Elektrode in Hochdruckentladungslampen, als Hf–Ti-Legierung für Getter in Elektronen- und Fernsehröhren, für Gleichrichterzwecke und als Zusatz zu den Heizleitern (0,5% Hf erhöhen die Lebensdauer von NiCr 80 20-Heizleitern beträchtlich) verwendet.

Th: Th findet in der Elektroindustrie Anwendung als Getter, Kathodenmaterial und Tiegelwerkstoff.

In: In wird für Weichlote (In–Ag, In–Pb), für die Heuslerlegierung Cu_2MnIn, wegen der guten Benetzungsfähigkeit für Glas und Metall als korrosionsbeständiges Lot und wegen des hohen Glanz- und Korrosionswiderstandes für Galvanoplattierung eingesetzt.

D. Materialien für die digitale Speichertechnik

Die Materialien für die digitale Speichertechnik müssen ihrer besonderen Bedeutung wegen zweckmäßig in einem eigenen Absatz behandelt werden. Ziehen wir zunächst aus der Vielzahl der bekanntenSpeicheranordnungen diejenigen heraus, die unter Berücksichtigung sowohl der technischen Leistungsfähigkeit, als auch ökonomischer Gesichtspunkte in erster Linie unsere Aufmerksamkeit beanspruchen können. Sodann läßt sich angeben, welche besonderen Materialien notwendig sind, um die Speicheranordnungen zu realisieren. Einige einschlägige Literatur ist im Literaturverzeichnis unter [56]—[79] angegeben. Wir teilen die elektronischen Digitalwertspeicher ein in

1. Speicher mit beweglichen magnetischen Medien
   1. Bandspeicher
   2. Trommel- und Scheibenspeicher
   3. Speicher mit flexiblen Scheiben
2. Speicher mit feststehenden magnetischen Medien (außer Dünnschichtspeichern)
   1. Ringkernspeicher
   2. Ferritplattenspeicher
   3. Ferritkernfestwertspeicher
3. Speicher mit nicht magnetischen Medien
   1. Thermoplastischer Speicher
   2. Optischer Filmfestwertspeicher
   3. Kapazitätsfestwertspeicher
4. Dünnschichtspeicher
   1. Magnetische Speicherelemente in Scheibenform
   2. Magnetische Speicherelemente in Zylinderform

Vom Bandspeicher werden verlangt:

a) Hohe Festigkeit und große Schmiegsamkeit des Schichtträgers,

b) Schichtmaterial mit möglichst rechteckiger Hystereseschleife,

c) ausreichend hohe Koerzitivfeldstärke ($H_c > 200$ Oe),

d) große Sättigungsremanenz ($B_r > 1000$ G),

e) Störstellenfreiheit der Magnetschicht (Impulsausfallrate $< 10^{-7}$), glatte Bandoberfläche.

Deshalb ist die Herstellung der Schichtträger aus Polyestermaterial an Stelle der sonst üblichen Azetylzellulose notwendig. Zur Beschichtung muß nadelförmiges Magnetit mit Partikelgrößen von etwa 1 μm Länge und 0,1 μm Durchmesser benutzt werden.

Es sind auch Versuche über den Einsatz von Mn–Zn-Schichten bekannt geworden.

Bei den Magnettrommel- und Scheibenspeichern befindet sich die Speicherschicht auf starren zylinder- oder scheibenförmigen Körpern. Es sind sowohl Magnetit als auch Metallschichten üblich. Einfache Magnetitschichten werden durch Aufbringen von Magnetit–Lack-Suspensionen hergestellt. Folgende magnetische Kennwerte sind üblich:

$$H_c = 100 \cdots 250 \text{ Oe},$$
$$B_r = 200 \cdots 500 \text{ G}.$$

Durch Aufkleben von Folien, bei denen die Magnetitschicht eine Vorzugsrichtung besitzt, lassen sich günstigere Werte erzielen.

Metallschichten wurden in Einzelfällen durch Aufwickeln von Profildrähten hergestellt. Eine solche Schicht besitzt eine Vorzugsrichtung und weist etwa folgende Daten auf:

$$H_c = 550 \text{ Oe},$$
$$B_r = 5000 \text{ G}.$$

Im allgemeinen werden jedoch Schichten aus Ni, Co und Fe in verschiedenen Legierungszusammensetzungen auf galvanischem oder chemischem Wege auf die Grundkörper gebracht.

Auf diese Weise lassen sich erzielen:

$$H_c = 50 \text{ Oe},$$
$$B_r = 100 \text{ G für reine Ni-Schichten},$$
$$\text{bis zu} \quad H_c = 500 \cdots 800 \text{ Oe},$$
$$B_r = 6000 \cdots 8000 \text{ G für Legierungsschichten}.$$

Für den Bau der außerordentlich interessanten Magnetschichtspeicher mit flexiblen Scheiben sind Folien auf Polyesterbasis in Stärken von etwa

120 μm und hinreichender Homogenität über Bereiche von 300...400 mm im Quadrat erforderlich. Die Magnetschicht darf keine magnetische Orientierung aufweisen, die in Richtung zweier beliebiger in der Schichtebene verlaufender Achsen Flußunterschiede von mehr als 20% verursacht. Diese Forderung ist nur erfüllbar, wenn auf die bei Magnetbändern erreichbaren anderen optimalen Schichteigenschaften verzichtet wird.

Bei den Kernspeichern arbeiten kleine Ringkerne aus weichmagnetischem Material als Speichermedium. Die Kerne tragen verschiedene Wicklungen und können mittels Stromimpulsen umgeschaltet werden. Bei genügender Rechteckigkeit der Hysteresekurve (Rechteckigkeitsverhältnis $R = \frac{B_r}{B_s} >$ 0,95) läßt es sich erreichen, daß sich der Magnetisierungszustand der Kerne bei Strömen, die kleiner als der Schaltstrom sind, nicht störend ändert. Dadurch wird es möglich, mittels mehrerer Leitungen, von denen jede nur einen Teil des notwendigen Schaltstromes führt, bestimmte Kerne aus dem Gesamtspeicher auszuwählen.

Diese Ringkernspeicher haben Zugriffszeiten von wenigen Mikrosekunden und arbeiten praktisch verschleißfrei. Ihre Herstellung ist jedoch zeitraubend und teuer. Die Möglichkeiten einer automatisierten Fertigung sind beschränkt. Der Speicherkapazität werden durch die Störimpulse der nicht gewählten Kerne Grenzen gesetzt. Die zur Zeit benutzten Kerne bestehen aus Ferriten der Zusammensetzung $MgO \cdot MnO \cdot Fe_2O_3$. Bei 2 mm Außendurchmesser besitzen sie Schaltkonstanten in der Größe von $S_w = 1$ Oe/μs und weisen bei den üblichen Schaltströmen etwa 1 μs Schaltzeit auf.

Es sind außerdem Versuche zur Verkleinerung der Schaltkonstanten bekanntgeworden. Durch Verwendung von $CdO \cdot MnO \cdot Fe_2O_3$ ist man bis auf $S_w = 0{,}2$ Oe/μs heruntergekommen.

Sämtliche Ferritkerne werden zwar in billiger Massenfertigung hergestellt, da aber die Sinter- und Brennprozesse die magnetischen Eigenschaften der Kerne entscheidend beeinflussen, bereitet es Schwierigkeiten, mehrere Chargen mit gleichen Kennwerten zu erzielen. Die dadurch notwendige komplizierte Sortierung nach Rechteckigkeit, Schaltzeit und Remanenz verteuert die Kerne ganz erheblich. Aus Metallbändern aufgebaute Ringkerne haben sich trotz ihrer zum Teil sehr guten technischen Eigenschaften der komplizierten Herstellung wegen offensichtlich nicht durchzusetzen vermocht.

Der Ferritplattenspeicher beruht auf dem gleichen Prinzip wie der Ringkernspeicher. Statt der Kerne werden dünne gelochte Ferritplatten benutzt. Jedes Loch mit der umliegenden Plattenregion entspricht einem Ringkern.

Dieser Speicher bietet in erster Linie technologische Vorteile. Eine der benötigten Erreger- oder Abfrageleitungen kann im Druckverfahren mit jedem gewünschten Verlauf auf die gut isolierenden Ferritplatten gebracht werden. Dadurch wird es möglich, alle anderen Drähte linear durch sämtliche hintereinander liegenden Platten des Speichers zu führen. Die Herstellungskosten eines Speichers sinken deshalb erheblich. Außerdem sinkt auch der zum Schalten benötigte Treiberstrom, wenn die Bohrungen genügend klein ($\leqq$ 0,5 mm im Durchmesser) gehalten werden. Das Auflösungsvermögen bleibt etwas geringer als beim Ferritringkernspeicher, der Platzbedarf geht auf wenige Prozente zurück.

Die meisten Speicher sind Arbeitsspeicher, d. h. ihr Inhalt kann im normalen Betriebszustand verändert, gelöscht oder neu eingeschrieben werden. Speicher, deren Inhalt unveränderlich ist, werden als Festwert- oder Auslesespeicher bezeichnet. Sie dienen hauptsächlich der Aufbewahrung von Konstanten und kleineren Routineprogrammen.

Der Ferritkernspeicher nutzt die mittels Ferritkernen erzielbare Kopplung zwischen zwei unabhängigen Leitern aus. Er besteht aus zwei Systemen von Leiterschleifen, die in geringen Abstand senkrecht zueinander verlaufen. Jeder Kreuzungspunkt von Leiterschleifen stellt eine Speicherzelle dar. Der Zellinhalt „L" wird durch induktive Verkopplung beider Systeme mittels Ferritstäbchen charakterisiert. Die Abfrage erfolgt mit Stromimpulsen in einer Erregerschleife. Die dem Speicherinhalt entsprechenden Spannungsimpulse stehen in Leseleitersystemen zur Verfügung.

Bei einer anderen Variante werden statt stäbchenförmiger Ferritstifte von 1···3 mm Durchmesser und 5···15 mm Länge E-förmige Kerne mit Joch benutzt. Derartige Speicher kosten etwa 20···60% weniger als gleichgroße Ringkernspeicher.

An das benutzte Ferritmaterial müssen wegen der starken Scherung keine besonderen Forderungen hinsichtlich der Größe der Permeabilität gestellt werden. Es ist jedoch, um Verluste zu vermeiden, notwendig, daß die Permeabilität im interessierenden Frequenzbereich reelle Werte hat.

Recht aussichtsreich scheint das thermoplastische Speicherverfahren zu sein. Speichermedium ist ein etwa 5 μm starker Film aus niedrigschmelzendem, thermoplastischem Material. Dieser befindet sich unter Zwischenlage einer dünnen leitfähigen Schicht auf einem Träger aus Azetylzellulose. Bei Bandgeschwindigkeiten von 10···25 cm/s werden im Vakuum mittels Elektronenstrahl den zu speichernden Informationen entsprechende Ladungsmuster auf der Speicherschicht erzeugt. Bei anschließender induktiver Erwärmung der Leitschicht im Hochfrequenzfeld wird die Speicherschicht innerhalb 5···15 ms so weit flüssig, daß sie sich unter Einfluß der elektrostatischen Kräfte zwischen den Ladungspunkten und der Leitschicht verformen kann. Das dabei entstehende Runzelmuster bleibt nach Abkühlung erhalten und enthält die gespeicherten Informationen. Durch erneutes sehr starkes Erwärmen wird die Speicherschicht flüssig und leitfähig. Die eventuell noch vorhandenen Ladungsreste fließen ab und die Oberfläche wird beim Erkalten wieder vollkommen glatt. Das Auslesen der Informationen erfolgt auf rein optischem Wege, unter Umständen mittels beweglicher, in Elektronenstrahlröhren erzeugter Lichtstrahlen. Es sollen Speicherdichten von $6 \cdot 10^7$ bit/mm^2 erzielt worden sein. Die Arbeitsfrequenz kann mehrere Megahertz betragen, sie erlaubt den direkten Anschluß an moderne Großrechenanlagen. Wegen der enormen Kapazität kann dieses Verfahren unter anderem erstmalig für die rationelle Speicherung der in Luftbildaufnahmen vorhandenen Infomationen dienen.

Bei den optischen Filmfestwertspeichern dient die photographische Schicht als Speichermedium. Die Abtastung des Speichers erfolgt mit praktisch trägheitsfreien Lichtstrahlen. Dieser Speichertyp vereint also wieder hohe Kapazität mit großer Arbeitsgeschwindigkeit. Die Abtaststrahlen werden in Elektronenstrahlröhren erzeugt. Bei rotierendem Speichermedium reicht die Bewegung in einer Achse aus. Noch schneller wird gearbeitet (Möglichkeit des „random access"), wenn sich der Abtaststrahl in zwei Koordinatenachsen bewegen kann. Die Herstellung der Speicherfilme erfolgt in einfacher Weise durch photomechanische Reproduktion von in großem Maßstab hergestellten Originalen. Die optisch-elektronische Ausleseeinrichtung ist relativ teuer. Die Anwendung dieses Speicherprinzips lohnt sich daher erst bei Kapazitäten in der Größenordnung 10^7 bit und mehr.

Bei den Kondensatorfestwertspeichern wird die Verkopplung von Erreger- und Leseleitersystem in den mit „L" besetzten Zellen durch Kapazitäten erreicht. Es gibt zwei Ausführungsformen dieser Speicherart. Bei beiden bestehen die rechtwinklig zueinander angeordneten Leitersysteme aus gedruckten Schaltungen. Die Zellen werden durch die Kreuzungspunkte der Leiter dargestellt. Bei dem ersten Verfahren bewirkt eine zwischen die Systeme geschobene geerdete Metallfolie eine Entkopplung, die nur an mit „L" besetzten Stellen durch Löcher in der Abschirmfolie aufgehoben wird. Bei dem anderen wird eine Kunststoffolie, die an den besetzten Stellen Metallbeläge trägt, zwischen die Systeme geschoben, so daß nur bei Anwesenheit eines Belages durch die Abstandsverkleinerung eine ausreichende Kapazität zustande kommt. Die Abschirmfolien haben die Größe gewöhnlicher Hollerithkarten und können auch auf normalen Locheinrichtungen bearbeitet werden. Die Abfrage erfolgt mit Spannungsimpulsen in einem Leitersystem.

Diese Speicher lassen sich in der Größenordnung 10^5 bis 10^7 bit realisieren, sind jedoch wegen der zugrunde liegenden physikalischen Effekte auch etwas störanfälliger als die induktiven Festwertspeicher.

Bei Anwendung nichtlinearer Kapazitäten könnte der Aufwand in den elektronischen Schaltungen des Speichers wesentlich verringert werden. Es gibt jedoch zur Zeit noch keine geeigneten ferroelektrischen Stoffe in der benötigten Folienform.

Sämtliche Speicher mit dünnen magnetischen Schichten befinden sich zur Zeit noch im Versuchsstadium. Es sind jedenfalls keine Veröffentlichungen über einen großtechnischen Einsatz bekannt geworden. Bei diesen Speichern wird in erster Linie eine extrem hohe Arbeitsgeschwindigkeit angestrebt. Als eine Folge davon muß ein starkes Absinken der Nutzimpulse beim Abfragen des Speicherinhaltes in Kauf genommen werden. Dadurch und vor allem auch wegen der notwendigen großen Flankensteilheiten der Abfrageimpulse wächst der Aufwand im elektronischen Teil der Speicher wesentlich an. Derartige Speicher können daher fast ausschließlich nur in extrem schnellen Rechenanlagen sinnvoll zum Einsatz kommen. Sie sollen hier trotzdem kurz betrachtet werden, weil gerade auf diesem Gebiet zur Zeit die stürmischste Entwicklung zu beobachten ist.

Bei dünnen (Stärke unter 1000 Å) weichmagnetischen Schichten mit Vorzugsrichtung, die im Magnetfeld auf Glasoberflächen aufgedampft werden, findet die Umkehr der Magnetisierungsrichtung nicht mehr durch Wandverschiebung mit zeitlich aufeinanderfolgender Drehung der Vektoren, sondern als kohärenter Drehprozeß statt. Die zum Umschalten benötigte Zeit beträgt nur noch ein Tausendstel des bei Verschiebungen auftretenden Wertes.

Es werden Filmscheibchen von 1···5 mm Durchmesser benutzt. Der Aufbau der Speicher entspricht dem von Ferritkernanordnungen. Schaltleistung und Lesespannung sind jedoch erheblich kleiner. Grundsätzlich ist die Benutzung gedruckter Leiteranordnungen möglich. Schwierigkeiten bereitet die Herstellung von Speicherelementen mit reproduzierbaren magnetischen Eigenschaften.

In dem Bestreben, das aufwendige Fädeln der Ringkerne in Kernspeichern zu umgehen, die Umschaltenergie zu verkleinern und die Schaltzeiten zu verkürzen, wurden die Speicherelemente in zylindrischer Form entwickelt. Es handelt sich um Glasstäbe- oder -röhren von 0,5···1,5 mm Durchmesser mit galvanisch hergestellten oder aufgedampften Eisen–Nickel-Schichten zwischen 0,1 und 10 μm Stärke. Die Umschaltfeldstärken betragen 3 bis 15 Aw. Wegen der niedrigen Entmagnetisierung ergeben sich stark rechteckige Hystereseschleifen. Die je Speicherzelle (1···5 mm lang) benötigten

Wicklungen lassen sich maschinell aufbringen bzw. durch die Glasröhren ziehen. Die Schaltzeiten liegen um den Faktor 10 niedriger als bei Ferritkernen.

E. Organische Isolierstoffe [80]–[82]

Sehr viele synthetische Werkstoffe sind schon seit langer Zeit bekannt und haben sich in den letzten Jahren kaum verändert. So werden die Phenolharze und die Phenolharzpreßmassen seit mehr als 50 Jahren gefertigt und haben u. a. in der Elektrotechnik breite Anwendung gefunden. Die Eigenschaften sind stark abhängig von der Art und Menge der Füllstoffe. Den Phenolharzen und Phenolharzpreßmassen folgten die Harnstoffharze und die Melaminharze mit ihren Preßmassen. Einen erheblichen Fortschritt brachte schließlich die Darstellung der Polymerisationspolymeren. Schnell aufeinander folgten die Herstellung von

Polyvinyläther,	Polyamid,
Polyvinylazetat,	Polyurethan,
Polystyrol,	Polyisobuthelen,
Polyacrylester,	Polyacrylnitril und
Polymethacrylester,	Epoxydharzen.

Gleichzeitig wurde die Verarbeitungstechnik der Thermoplaste verbessert. Die Spritzgußtechnik setzte sich allgemein durch.

In jüngster Zeit wurde eine weitere Reihe hochwertiger Plaste in Produktion genommen. Die wichtigsten davon sind

Polypropylen,	Polyäthylen,
Polycarbonat,	Polytetrafluoräthylen und
Polyesterharz	Polychlortrifluoräthylen.
Fluorcarbonat,	

Da die drei letzten Plaste von besonderer Aktualität sind, soll auf diese etwas näher eingegangen werden. Schon aus folgender Tabelle 4 erkennt man die Bedeutung dieser Kunststoffe, in der deren höchste Einsatztemperaturen eingetragen sind.

Tabelle 4

PVC	80 °C
Polystyrol	90 °C
Polyäthylen	120 °C
Polyamid	150 °C
Polytrifluorchloräthylen (Ekafluvin)	175 °C
Polytetrafluoräthylen (Teflon, Heydeflon)	260 °C

In Tabelle 5 sind einige elektrische Eigenschaften dieser Polymere zusammengefaßt. Man entnimmt, daß beispielsweise das Polytetrafluoräthylen den niedrigsten Verlustwinkel aller zur Zeit bekannten Kunststoffe hat, der auch bei hohen Frequenzen und höheren Temperaturen erhalten bleibt. Daher ist dieses Material als Folie ein hervorragender Isolierstoff für Kunststoffolie-Kondensatoren. Seine niedrige Dielektrizitätskonstante macht es besonders für die Verwendung als Isoliermaterial für HF-Kabel geeignet. Als Hochspannungskabel-Isolierstoff wird dagegen wegen der höheren Spannungsfestigkeit oft das Hochdruck-Polyäthylen bevorzugt. Abb. 2 zeigt die Wasseraufnahme verschiedener Kunststoffe in mg/100cm² in 4 Tagen. Die Wasseraufnahme verschlechtert in allen Fällen die elektrischen Eigenschaften der Isolierstoffe, wie Verlustwinkel und Durchschlagsfestigkeit, und führt manchmal unter Einwirkung des elektrischen Feldes zum chemischen Abbau des Stoffes. In dieser Beziehung zeigen Polyäthylen und Polytetrafluoräthylen besonders gutes Verhalten anderen Polymeren gegenüber.

Wegen des hohen spezifischen Widerstandes und Oberflächenwiderstandes werden auch mehr und mehr Bauteile aus diesen Materialien gefertigt, wie

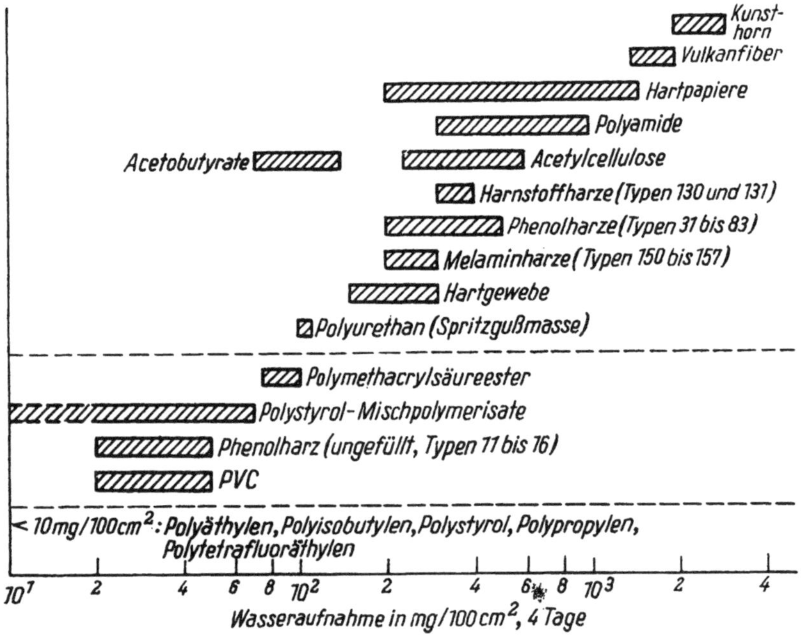

Abb. 2

Tabelle 5

Elektrische Daten von Polytetrafluoräthylen, Polychlortrifluoräthylen, Polyäthylen und Polystyrol

	Polytetra-fluor-äthylen	Polychlor-trifluoräthylen	Polyäthylen hoher Dichte (Nieder-druck-P.)	Polyäthylen niederer Dichte (Hoch-druck-P.)	Polystyrol
Volumenwiderstand $\Omega \cdot cm$ bei 25% rel. Feuchte und 23 °C	$< 10^{18}$	$1{,}2 \cdot 10^{18}$	10^{15} bis 10^{16}	10^{16}	10^{13} bis 10^{17}
Durchschlagsfestigkeit kurze Zeit 3,2 mm = $^1/_8$ Zoll dicke Probe; kV/cm	190	210	180—200	180 bis 275	160 bis 240
Dielektrizitätskonstante					
60 Hz	2,0	2,24 bis 2,8	2,25 bis 2,35	2,25 bis 2,35	2,45 bis 3,40
10^3 Hz	2,0	2,3	2,25 bis 2,35	2,25 bis 2,35	2,4 bis 3,2
10^4 Hz	2,0	2,5	2,25 bis 2,35	2,25 bis 2,35	2,4 bis 3,1
Verlustwinkel					
$\tan \delta$ 60 Hz	$>0{,}0002$	0,0022	0,0005	0,0005	0,0005 bis 0,003
10^3 Hz	$>0{,}0002$	0,036	0,0005	0,0005	0,0005 bis 0,003
10^6 Hz	$>0{,}0002$	0,036	0,0005	0,0005	0,0005 bis 0,003

Tabelle 6

Physikalische Daten von Polytetrafluoräthylen, Polychlortrifluoräthylen, Polyäthylen und Polystyrol

	Polytetrafluor-äthylen	Polychlor-trifluoräthylen	Polyäthylen hoher Dichte (Niederdruck-P.)	Polyäthylen niederer Dichte (Hochdruck-P.)	Polystyrol
Dichte	2,13 bis 2,20	2,1	0,941 bis 0,965	0,910 bis 0,925	1,05 bis 1,11
Brechungsindex n_D	1,35	1,43	1,54	1,51	1,57 bis 1,60
Zugfestigkeit kp/cm²	140 bis 210	400	215 bis 390	70 bis 160	455 bis 840
Bruchdehnung %	200	100 bis 200	15 bis 100	90 bis 650	1,4 bis 2,5
Druckfestigkeit kp/cm³	119	2250 bis 5600	168	—	805 bis 1120
Wärmeleitfähigkeit x 10^4	6	6	11,0 bis 12,4	8,0	1,9 bis 3,0
Spez. Wärme cal/grd	0,25	0,22	0,55	0,55	0,32 bis 0,35
Linearer Ausdehnungskoeffizient x 10^5	10	4,5 bis 7	11 bis 13	16 bis 18	6 bis 8
Dauerwärmebeständigkeit °C	290 (260)	200 (175)	120	100	90

Klemmleisten, Durchführungen, Abstandsstücke usw. Einer schnelleren Einführung in die Elektrotechnik steht beim Polytetrafluoräthylen zum Teil die schwierige Technologie bei der Verarbeitung entgegen. In den meisten Fällen ist die Verwendung von Spezialmaschinen notwendig.

Aber auch die mechanischen Eigenschaften, die in Tabelle 6 zusammengefaßt sind, zeugen von der großen Bedeutung dieser Werkstoffe für die Technik. Erwähnenswert sind schließlich die guten Gleiteigenschaften des Polytetrafluoräthylens, die dazu führten, daß es als selbstschmierende Lagerschalen verwendet werden kann.

Vom chemischen Standpunkt ist das Fluorpolymerisat ein idealer Werkstoff. Außer elemtenarem Fluor und geschmolzenen Alkalimetallen vermögen keine Stoffe Zersetzung, Auflösung oder Quellung herbeizuführen. Polyäthylen und Polychlortrifluoräthylen sind gegen Säuren und Basen beständig und werden von Kohlenwasserstoffverbindungen nicht oder nur schwach gelöst.

Literatur

[1] Vgl. z. B. Feldner, K., Görlich, P., Krohs, A., Pohl, H.-J., u. Schmeier, G., Prinzipien für den Einsatz photoelektronischer Bauelemente in der Meßtechnik und Automatisierung. Feingerätetechnik **12** (1963) 194.

[2] Vgl. zus. Darst. Görlich, P., Photoeffekte II. Akad. Verlagsges., Leipzig 1963.

[3] Gibson, A. F., Kröger, F. A., u. Burgess, R. E., Progress in Semiconductors. vol. 5, Heywood & Co. Ltd., London 1960.

[4] Hanney, N. B., Semiconductors. Reinhold Publishing Corporation, New York 1959.

[5] Yariv, A., Continuous Operation of a CaF_2: Dy^{2+} Optical Maser. Proc. IRE **50** (1962) 1699.

[6] Bostik, H. A., u. O'Connor, I. R., Infrared oscillations from CaF_2:U^{+3} and BaF_2:U^{+3} Masers. Proc. IRE **50** (1962) 219.

[7] Cook, J. C., Output power and possible continuous operation of ruby lasers. Proc. IRE **50** (1962) 330.

[8] Jacobs, S., Gould, G., u. Rabinowitz, P., Coherent light amplification in optically pumped Cs vapour. Phys. Rev. Lett. **7** (1951) 415.

[9] Javan, A., Ballik, E. A., u. Bond, W. L., Frequency characteristics of a continuous wave He-Ne optical maser. J. Opt. Soc. Amer. **52** (1962) 96.

[10] Johnson, L. F., Boyd, G. D., Nassau, K., u. Soden, R. R., Continuous operation of the $CaWO_4$:Nd^{+3} optical maser. Proc. IRE **50** (1962) 213.

[11] JOHNSON, L. F., BOYD, G. D., u. NASSAU, K., a) Optical maser characteristics of Tm^{+3} in $CaWO_4$
b) Optical maser characteristics of Ho^{+3} in $CaWO_4$. Proc. IRE **50** (1962) 86 und 87.

[12] JOHNSON, L. F., Optical maser characteristics of Nd^{+3} in CaF_2. J. Appl. Phys. **33** (1962) 756.

[13] JOHNSON, L. F., BOYD, G. D., NASSAU, K., u. SODEN, R. R., Continuous operation of a solid-state optical maser. Phys. Rev. **126** (1962) 1406.

[14] JOHNSON, L. F., u. SODEN, R. R., Optical maser characteristcs of Nd^{3+} in $SrMoO_4$. J. Appl. Phys. **33** (1962) 757.

[15] JOHNSON, L. F., Continuous operation of the CaF_2:Dy^{+2} optical maser. Proc. IRE **50** (1962) 1691.

[16] KAISER, W., Der optische Maser. Physica status solidi **2** (1962) 1117.

[17] KAISER, W., Der optische Maser. Phys. Blätter **17** (1961) 256.

[18] KAISER, W., GARRETT, C. G. B., u. WOOD, D. L., Fluorescence and optical maser effects in CaF_2:Sm^{++}. Phys. Rev. **123** (1961) 766.

[19] KISS, Z. J., u. DUNCAN, R. C., JR., Optical maser action in CaF_2:Tm^{2+}. Proc. IRE **50** (1962) 1532.

[20] KISS, Z. J., u. DUNCAN, R. C., JR., Optical maser action in $CaWO_4$:Er^{3+}. Proc. IRE **50** (1962) 1531.

[21] KISS, Z. J., u. DUNCAN, R. C., JR., Pulsed and continuous optical maser action in CaF_2:Dy^{2+}. Proc. IRE **50** (1962) 1531.

[22] KUBOTA, H., u. HAYASHI, K., Observation of optical maser oscillation in ruby. J. Phys. Soc. Japan **16** (1961) 2063.

[23] MAIMAN, T. H., Optical masers action in ruby. Brit. Commun. and Electronics **7** (1960) 674.

[24] OLT, ROBERT D., Crystals for microwave and optical masers. Electronics **34** (1961) 90.

[25] PORTO, S. P. S., u. YARIV, A., Optical maser characteristics BaF_2:U^{3+}. Proc. IRE **50** (1962) 1542.

[26] PORTO, S. P. S., u. YARIV, A., Excitation, Relaxation and optical maser action at 2.407 microns in SrF_2:U^{3+}. Proc. IRE **50** (1962) 1543.

[27] VICKERY, R. C., u. FISHER, J. V., Stimulated emission from terbium ions. Electronic Equipment News **4** (1962) 42.

[28] YARIV, A., PORTO, S. P. S., u. NASSAU, K., Optical maser emission from trivalent praseodymium in calciumtungstate. J. Appl. Phys. **33** (1962) 2519.

[28a] NASSAU, K., Crystals for optical masers. Bell Lab. Record **41** (1963) 95.

[29] Al in Elektroindustrie und Fahrzeugbau Ungarns. Metall **15** (1961) 363.

[30] v. ZWEHL, W., Aluminiumseile im Freileitungsnetz der Bundesrepublik. Aluminium **38** (1962) 615.

[31] HIRTE, W., Al-Legierung für elektrische Leiterzwecke, insbesondere für Zähler-Läuferscheiben. Patentschrift 23345 WP 406/67703.

[32] SCHULZE, A., Metallische Werkstoffe der Elektrotechnik. Metall-Verlag, Berlin 1950.

[33] LOEBICH, O., Die Bedeutung der Edelmetalle in der Technik. Metall **14** (1960) 650.

[34] HENTSCH, A., Untersuchungen über den Widerstand sulfidischer Kontakte aus Ag und Ag-Legierung. Elektrie **16** (1962) 234.

[35] EISENKOLB, F., u. EHRLICH, G., Pulvermetallurgische Herstellung von Ni-Ag-Kontaktwerkstoffen. Neue Hütte **6** (1961) 631.

[36] BORCHERT, L., Über die Auswahl von Kontaktwerkstoffen für Fernsprechverbindungen. Nachrichtentechn. Z. **14** (1961) 175.

[37] BLUM, G., Gesinterte Kontaktwerkstoffe. Elektrie **13** (1959) 201.

[38] HENTSCH, A., Neue Untersuchungen und Entwicklungstendenzen auf dem Gebiet der elektrischen Kontaktwerkstoffe. Elektrie **16** (1962) 149.

[39] ASCHMONEIT, E.-K., Der magnetische Kontakt, ein schnell schaltendes Bauelement. Nickel-Berichte **18** (1960) 375.

[40] FAHLENBRACH, H., Mögliche und erreichte Steigerungen der Gütewerte von Dauermagnetwerkstoffen. Metall **14** (1960) 984.

[41] VOGT, E., Physikalische Eigenschaften der Metalle. Akad. Verlagsges. Geest & Portig KG, Leipzig 1958.

[42] PAWLEK, F., Magnetische Werkstoffe. Springer-Verlag, Berlin/Göttingen/Heidelberg 1952.

[43] GREWEN, J., u. WASSERMANN, G., Einfluß von Bestrahlung und Wärmebehandlung auf die Eigenschaften von nickelhaltigen Dauermagnetwerkstoffen. Nickel-Berichte **20** (1962) 145.

[44] Fortschritte bei Werkstoffen der Elektrotechnik. Feinwerktechnik **63** (1959) 221.

[45] WULF, Moderne ferromagnetische Materialien. Elektrie **14** (1960) U 68.

[46] REINBOTH, H., Neue Entwicklungen für Elektrostahlbleche. Elektrie **14** (1960) 372.

[46a] HEISTER, W., Weichmagnetische Werkstoffe für die Nachrichtentechnik und ihre Verwendung in Bauelementen. Techn. Mitt. Krupp **21** (1963) 15.

[47] Nickelinformationsbüro G.m.b.H., Düsseldorf. Neue Entwicklungen auf dem Gebiet der nickelhaltigen Werkstoffe. Metall **13** (1959) 420.

[48] PAWLEK, F., Neue Magnetwerkstoffe und ihre Anwendung in der Feinwerktechnik. Feinwerkstechnik **60** (1956) 119.

[49] SCHINDLER, A. I., u. SALKOVITZ, E. I., Effects of Applying a magnetic Field During Neutron Irradiation on the magnetic Properties of Fe-Ni Alloys. Nickel-Berichte **18** (1960) 388.

[50] Korrosionsbeständiges Thermobimetall für hohe Temperaturen. ETZ **14** (1062) 335 (Ausg. B).

[51] HENTSCH, A., Untersuchungen an Sonderthermobimetallen. Elektrie **13** (1959) 309.

[52] Sagoschen, J., Temperaturmessung mit Platinmetall-Thermoelementen. Metall **15** (1961) 34.

[53] Clasing, M., Die Bedeutung einiger „seltener" Metalle in der heutigen Technik. Metall **14** (1960) 697.

[54] Vgl. z. B. Kortüm, H., Bemerkungen zu den Thermoelementen des VEB Carl Zeiss Jena. Feingerätetechn. **9** (1960) 247.

[55] Bergmann, L., Der Ultraschall. Verlag Hirzel, Stuttgart 1954.
Matauschek, J., Einführung in die Ultraschalltechnik. Verlag Technik, Berlin 1957.
Görlich, P., Energieleitung und Energieübertragung aus der Sicht des modernen Gerätebaus. Nova Acta Leopoldina **25** (1962) Nr. 157, S. 20.

[55a] Berry, R. W., Tantalum thin-film circuitry and components. Bell Lab. Record **41** (1963) 46.

[56] Eckert, J. P., A survey of digital computer memory systems. Proc. IRE **41** (1953) 1393.

[57] Schaefer, E., Vergleich neuer Speicherelemente für elektronische Rechenmaschinen. Elektronische Rechenanlagen **2** (1960) 183.

[58] Pohm, A. V., and Mitchell, F. N., Magnetic film memories, a survey. IRE Transactions on Electronic Computers EC-**9** (1960) 308.

[59] Schaefer, E., Elektronische Auslesespeicher. Elektronische Rechenanlagen **3** (1961) 197.

[60] Noble, F. W., The assessment of the reliability of magnetic tape for data processing. Journal British IRE **20** (1960) 737.

[61] Turner, K. I. and Thompson, J. E., The magnetic drum store of the „mercury" computer. Eelctronic Engineering **32** (1960) 16.

[62] Finkewirth, K. und Klivar, E., Der Magnettrommelspeicher der Standard Elektric A.G. SEG-Nachrichten (1957) 191.

[63] Knight, L. and Circuit, M. P., A high-density file drum as a computer store. Journal British IRE **20** (1960) 41.

[64] May, M., Miller, G. P., Howard, R. A., and Shifrin, G. A., A high speed, small sitze magnetic drum memory Unit for Subminiature Digital Computers. Proceedings of the Eastern Joint Computer Conference (1959) 190.

[65] Pearson, R. T., The development of the flexible-disk magnetic recorder. Proc. IRE **49** (1961) 164.

[66] Schlaeppi, H. P., und Carter, I. P. V., Magnetkernspeicher mit Vielfachkoinzidenz. Elektronische Rechenanlagen **1** (1959) 127.

[67] Quartly, C. J., A high-speed ferrite storage system. Electronic Engineering **31** (1959) 756.

[68] Newhouse, V. L., Kornfield, N. R., and Kaufmann, M. M., Enfired memories uses ferrite plates. Electronics **31** (1958) 100.

[69] Kilburn, T., and Grimsdale, R. L., A digital computer store with very short read time. The Institution of Electrical Engineering Paper No. 3178 M Jan. 1960, 562.

[70] Troebst, C.-Ch., Neuer Weg der Informationsspeicherung. Das thermoplastische Aufzeichnungsverfahren. VDI-Nachrichten **14** (1960) Nr. 13, S. 1.

[71] Spencer, A., Thermoplastic recording, Electrical Engineering **80** (1961) 439.

[72] Ryan, R. D., A permanent high speed store for use with digital computers. IRE Transactions on Electronic Computer (1954).

[73] Macdonald, N., The photoscopic language translator. Computers and Automation **9** (1960) H. 8, S. 6.

[74] Faglia, H. R., Mc Dermid, W. L., and Petersen, H. E., Card capacitor — a semipermanent read only memory. I.B.M. Journal (1961) 67.

[75] Dietrich, W., u. Proebster, W. E., Umschalten von dünnen Magnetschichten im Zeitbereich von einer Nanosekunde. Elektronische Rundschau **14** (1960) 47.

[76] Proebster, W. E., Dünne magnetische Schichten als Speicher- und Schaltkreiselemente. Elektronische Rechenanlagen **1** (1959) 164.

[77] Magnetic memory element exhibits 4 millimicro-second switching speed. Electrical Engineering **78** (1959) 236.

[78] Hoffmann, G. R., Turner, J. A., and Kilburn, T., High-speed digital storage using cylindrical magnetic films. Journal British I.R.E. **20** (1960) 31.

[79] Metzdorf, W. u. Rabl, H., Neue Entdeckungsergebnisse auf dem Gebiet der magnetischen Speicherelemente. Elektronische Rundsch. **16** (1962) 524.

[80] Reuther, H., Polytetrafluoräthylen (Heydeflon). Techn. Gemeinschaft **10** (1962) 349.

[81] Hersping, A., Über einige Eigenschaften von Kunststoffen für die Eektrotechnik. Kunststoffe **52** (1962) 73.

[82] Vieweg, R., Elektrotechnische Fortschritte durch Anwendung von Kunststoffen. Kunststoffe **52** (1962) 518.

Bei Fragen zur Produktsicherheit wenden Sie sich bitte an:
If you have any questions regarding product safety,
please contact:

Walter de Gruyter GmbH
Genthiner Straße 13
10785 Berlin
productsafety@degruyterbrill.com